심플하게 정성껏

SE 편집부 지음 / 김한나 옮김

지금이책

개그맨 마쓰바시 슈타로

청소를 싫어하던 그가 '집안일 달인'으로 불리게 된 이유

마음에 드는 청소용품을 사용하며 느끼는 집안일의 즐거움

'가지에몽'이라는 애칭으로 친숙하며 '집안일 달인'으로 TV와 잡지에서 활약 중인 마쓰바시 슈타로 씨. 하지만 원래 매사에 귀찮아하는 성격이라서 의외로 지금도 청소를 썩 잘하는 편은 아니라고?

"저는 십여 년 전부터 혼자 살았는데 당시에는 정말 '독신 남성의 살림살이'라는 느낌이라서 꽤 어수선한 공간에서 생활했습니다(웃음). 그럴 때 우연히 들른 '도큐핸즈'에서 가격이 조금 비싸지만 효과가 커 보이는 세제를 찾았어요. 칠칠치 못한 저로서는 그 세제가 구세주가 되기를 바라며 그 자리에서 구입했죠. 그 일이 제가 청소용품에 빠진 계기였어요."

PROFILE

마쓰바시 슈타로

松橋周太呂

요시모토 크리에이티브 에이전시 소속 개그맨. 취미인 집안일 기술이 화제를 모아 닉네임 '가지에몽家事えもん'으로 활약하고 있다. 청소능력검정사 5급, 세탁부문 주니어소믈리에. 저서로는 《대단한 가사すごい家事》 등이 있다.

마쓰바시 씨가 고른 세제는 슈퍼마켓이나 드럭스토어에서 흔히 볼 수 없는 제품이었다. 사용 전후가 완전히 다를 정도로 효과가 굉장해서 깜짝 놀랐다고 한다.

"원래 도큐핸즈는 콩트 의상이나 소품을 구입하러 자주 가는 장소입니다. 생활용품의 경우에도 일단 청소용품의 종류가 아주 많잖아요? 실제 사용법을 알려주는 판매사의 퍼포먼스도 볼 만하고 '때가 빠지는 이유'를 찾아보는 것도 재미있더라고요. 정신을 차려보니 청소용품의 세계에 푹 빠져 있었죠. 청소를 즐기면서 꾸준히 하는 건 훌륭하지만, 본성이 게으름뱅이인 저에게는 무리거든요. 그래서 청소를 잘하려 하기보다 편리한 아이템을 사용해서 효율적으로 청소하도록 노력하자고 생각했습니다."

마쓰바시 씨의 청소 스타일을 한마디로 표현한다면 효율 중시. '날마다 꾸준히'나 '박박 문지르기'를 가능한 한 피하고 사소한 기술이나 아이템을 사용해서 편하게 때를 제거하는 방법을 실제로 많이 써보고 제안하고 있다.

"청소를 좋아할 수 없다면 억지로 좋아할 필요는 없다고 느꼈습니다. 오히려 저처럼 칠칠치 못한 사람은 전문적인 청소용품을 잘 사용하는 데 소질이 있을지도 몰라요(웃음). 그런 청소용품은 얼룩제거 전문가가 열정을 쏟은 작품이라서 시간 단축이나 간편함, 비용 대비 효과 면에서 매우 우수하거든요. '청소는 좋아할 수 없지만 그 아이템을 사용하는 것만은 즐겁다.' 어쩌면 그런 계기로 자신만이 느끼는 청소의 즐거움을 찾을 수 있을지도 모릅니다."

마쓰바시 씨로 말하자면 요리를 잘하는 것으로도 유명한데 손님을 대접할 때도 '효율성'을 잘 활용한다고 한다.

"예를 들어 샤브샤브를 집에서 대접할 경우, 저는 고기보다 양념에 신경 씁니다. 비싼 고기 대신에 고급 폰즈소스나 트러플 소금을 준비해요. 그러는 편이 비용 대비 효과도 뛰어나고 집에 온 손님의 반응도 훨씬 좋아서 추천합니다(웃음)."

"대청소는 여름에 해도 좋아요. 자유로운 생각이 집안일을 좀 더 재미있게 만듭니다!"

"대청소는 보통 연말에 하는데 저는 여름휴가 대청소를 제안하고 싶습니다. 기름때 등은 기온이 높은 여름이 훨씬 잘 닦이고, 환기하거나 찬물로 세척하는 작업도 여름에 하는 게 훨씬 편하잖아요? 게다가 연말은 그냥도 바쁜 시기라서 대청소를 번거롭게 느끼는 사람도 많을 겁니다. 그러니 앞으로는 '여름휴가에는 대청소, 연말에는 가벼운 청소'를 표준으로 합시다! 자녀가 있는 가정이라면 더욱더 즐겁게 함께 대청소를 할 수 있지 않을까요?"

집안일을 편리하게 해줄 아이템을 만들어보고 싶다

청소나 요리는 반드시 이렇게 해야 한다는 고정관념을 없애는 자유로운 생각이 마쓰바시 씨 집안일 스타일의 매력 중 하나일지도 모른다. 마지막으로 앞으로의 목표에 대해 물었다.

"지금 제가 '있으면 좋겠다'고 생각하는 물건을 제품으로 만들면 재밌을 듯합니다. 최근에는 귀차니즘이 극에 달해서 애초에 때가 생기기 어렵게 하는 아이템을 찾는 데 빠져 있어요(웃음). 예를 들어 통기성이 좋은 칫솔 홀더나 곰팡이가 잘 생기지 않는 스펀지 스탠드… 저처럼 청소라면 질색하는 사람들이 편리하다고 느끼는 아이템을 만들 수 있다면 멋지겠죠?"

인터뷰_아라이 나오荒井奈央(MOSH books)
사진_기무라 분페이木村文平

CONTENTS

요리연구가 도미타 다다스케

오랫동안 기억에 남는 가족의 식탁

PROFILE

도미타 다다스케

富田ただすけ

식품제조회사 개발[illegible] 일본음식점 근무를 경험한 후 요리[illegible]가 되었다. '가장 정성스러운 일식 레[illegible] 사이트'로 유명한 'sirogohan.com[illegible]영을 통해서 '소박하지만 기억에 남는 밥'의 훌륭함을 널리 알리고 있다[sirogohan은 '흰 쌀밥白ごはん'을 뜻한다_이하 대괄호 속 설명은 옮긴이가 넣은 것이다]. 저서로는 《도미타 다다스케의 일본 가정식富田ただすけの和定食》 등이 있다. http://www.sirogohan.com

도미타 씨의 대명사인 심플한 일본 가정식. 집에 있는 식재료로 손쉽게 만들 수 있으며 질리지 않고 날마다 먹을 수 있는 음식이다. 밥을 짓는 방법이 다양하지만 도미타 씨는 분카나베[알루미늄 합금을 주조하여 만든 바닥이 깊은 냄비. 뚜껑이 냄비의 가장자리보다 2~3센티미터 정도 낮은 위치에 들어가도록 단차가 있는 것이 특징이다.]를 사용해서 지은 흰 쌀밥을 가장 좋아한다. 너무 차지지도 않고 푸슬푸슬하지도 않아서 반찬과 절묘한 균형을 이룬다.

몸에 서서히 스며드는 일식의 매력을 알리고 싶다

요리를 좋아하는 일본인이라면 'sirogohan.com'이라는 사이트를 한번쯤은 본 적이 있을 것이다. 약 600가지의 일식 레시피뿐 아니라 육수를 내는 방법부터 채소를 써는 방법, 음식을 그릇에 보기 좋게 담는 방법까지 온갖 정보가 가득하다. 사이트 운영자인 도미타 씨의 일식에 대한 남다른 애정이 전해지는 것 같다.

"일식은 시간과 수고가 든다고 생각하기 마련인데, 만드는 방법에 따라서 매우 손쉽고 친근한 요리가 될 수 있다는 사실을 알리고 싶었어요. 그래서 10년 전에 'sirogohan.com'을 운영하기 시작했죠. 몸에 서서히 스며드는 맛이나 소박하면서도 마음이 편해지는 풍미 등 직접 만드는 일식만의 매력을 일본의 식탁에 오랫동안 남긴다면 좋겠습니다."

현재 요리연구가이자 'sirogohan.com'의 운영자로서 바쁜 나날을 보내는 도미타 씨는 대기업 식품제조회사와 조리전문학교, 일본음식점 등 여러 곳에서 경험을 쌓아 지금의 일식 스타일에 이르렀다.

"직장인 시절에는 가공식품을 연구개발했는데 식품의 맛을 내는 것부터 브랜딩까지 폭넓은 업무를 담당했습니다. 쉬운 조리법의 중요성이나 확실한 맛을 내는 방법 등 이상적인 현대 음식에 관해 다양하게 배웠고, 그것을 'sirogohan.com'에서도 살려냈어요. 한편으로는 가공식품의 필요성을 느끼지만, 자신의 눈과 혀로 재료와 맛을 확인할 수 있는 수제 음식의 매력도 제대로 알려야겠다고 느꼈지요. 가공식품 연구개발과 일본음식점 양쪽에서 쌓은 경험을 살려서 좀 더 따라 하기 쉬운 가정요리 정보를 제공해야겠다고 생각했습니다."

오감을 사용하여 재료와 맛을 정확히 확인하는 것은 바쁜 일상 속에서 귀찮게 느껴질 수도 있다. 하지만 그렇게 차려낸 요리가 식탁에 오를 때 우리의 기분은 매우 행복해진다.

일식에 꼭 들어가는 건어물은 재고를 늘 냉동실에 보관한다. 무말랭이나 박고지 등은 변색되기 쉬우므로 말린 식품이라도 반드시 냉동보관을 추천한다. 삶은 후에 냉동하면 편리하게 꺼내 쓸 수 있다.

매년 기대하며 만드는 수제 매실장아찌 시리즈. 난코우메나 고지로우메 등 품종은 다양하다. 매실은 다루기가 까다롭지 않아서 저장음식 입문편으로 추천한다. 붉은차조기를 햇볕에서 말려 부순 수제 조미료는 딸과의 공동작품.

"시간을 들이는 것은
정성껏 대응하는 것과 같습니다.
거기서 얻은 발견이
요리를 재미있게 만듭니다."

"가공식품을 잘 활용하면서 식단 중 한 가지에 시간을 들여보면 어떨까요? 예를 들어 햅쌀이 나오는 계절에 냄비로 밥을 지으면 그것만으로도 진수성찬이 되고 육수를 제대로 내면 미소시루도 훨씬 맛있어져요. 그 과정에서 밥 짓는 냄비의 부글부글 끓어오르는 소리에 귀를 기울이거나 인스턴트와 천연 육수의 풍미 차이를 비교해보는 등 갖가지 행동이 일어나죠. 즉 요리에 시간을 들이는 것은 무슨 일에 대해 정성껏 대응하는 것과 같습니다. 바쁜 현대에서 요리에 정성과 시간을 들이는 만큼 완성되었을 때의 만족감과 생활의 풍요로움이 더 커지지 않을까요? 또 거기서 얻은 자신만의 발견이나 감동이 요리를 더욱더 재미있게 만듭니다."

왼쪽) 도미타 씨가 학생 때부터 계속 사용해온 그릇 모음. 늠름한 존재감을 발산하는 수납장에 많은 식기가 깔끔하게 수납되어 있다. 색상과 크기로 대충 분류해서 요리할 때나 촬영할 때도 꺼내기 쉽다.
오른쪽) 조리기구는 '큰 것은 작은 것을 겸하지 않는' 원칙을 고집한다. 용도에 적합한 크기가 반드시 있기에 도마나 볼, 식품용 랩도 전부 사이즈별로 갖춰놓았다.

일반 젓가락보다 끝이 더 가는 그릇 담기용 젓가락. 음식을 그릇에 담거나 식재료를 옮길 때 좀 더 섬세하게 할 수 있기에 귀중한 보물처럼 여긴다. 도미타 씨는 대나무를 잘라낸 방식이나 길이가 서로 다른 젓가락 3종류를 구분해서 사용한다.

일본음식점 주방에는 반드시 있다고 해도 과언이 아닌 얏토코나베[손잡이가 없고 집게로 집어 드는 냄비]. 손잡이가 없어서 세척하기 편하며 냉장고에도 쉽게 들어갈 정도로 수납성이 좋아서 의외로 가정용으로 적합하다. 가볍고 열전도성이 높은 알루미늄 제품을 추천한다.

위생적이면서도 설거지를 최소화하도록 다양한 크기의 도마를 상비한다. 파를 잘게 다지거나 고기를 썰 때 용도에 맞춰 구분해서 사용하면 편리하다. 도미타 씨는 '우드페커', '아즈마야'의 제품을 가장 좋아한다고 한다.

좋아하고 자주 쓰는 물품이 있으면 주방이 훨씬 더 즐거워진다

현재 일본 아이치 현에 작업장인 주방공간을 만든 도미타 씨에게 그곳에 놓인 조리기구와 다양한 그릇에 관해 물었다.

"일식에 반드시 필요한 조리기구는 뭐니 뭐니 해도 유키히라나베[뚜껑이 없는 중간 정도 깊이의 편수 냄비. 표면을 울퉁불퉁한 모양으로 두들겨 강도를 높이고 표면적을 증가시켜 열전도율을 높였다.]입니다. 가벼워서 육수를 낼 때 편하고 바닥이 둥글어서 국물에 열이 잘 전달된다는 장점도 있기에 일상용으로 매우 추천합니다. 그리고 도마는 은행나무로 만든 제품을 애용해요. 식재료의 색이나 냄새가 잘 배지 않고 흠집이 나도 복원력이 높다고 하더라고요. 바로 얼마 전에 오래 쓴 도마의 표면을 다시 깎아내려고 갔었는데, 점원이 '은행나무 소재로 만든 도마는 깎는 횟수가 훨씬 적다'고 알려줬어요."

조리기구뿐 아니라 그릇이나 테이블 주위의 잡화를 봐도 오랫동안 소중히 사용해왔음을 알 수 있다.

"그릇은 학생 때부터 수집한 덕분에 오래된 것도 드문드문 보이죠. 좋아하는 작가의 그릇은 물론 통신판매나 골동품시장, 근처에 있는 철물점에서 구입한 것도 있어요. 이 철물점이 꽤 쏠쏠한 곳이랍니다(웃음). 다른 곳에서는 좀처럼 볼 수 없는 복고풍에 따뜻한 느낌으로 디자인한 그릇을 저렴하게 구입할 수 있어서 뻔질나게 드나들어요. 그릇이 갖고 있는 계절감을 소중히 하며 '어떤 그릇을 조합해볼까?' 생각하는 시간도 매우 좋아합니다."

"말주변이 없어서
요리로 애정을 표현합니다.
상대방을 생각하며
부엌에 서는 것은 행복한 일이에요."

손수 차린 가족의 식탁에는 사람과 사람을 연결하는 힘이 있다.

도미타 씨는 가족이 생긴 후 요리에 임하는 자세가 확 바뀌었다고 한다. 만드는 즐거움과 먹는 기쁨을 통해서 그가 새롭게 느끼는 요리의 매력이란 과연 무엇일까?

"사실 전 별로 말주변이 없어요(웃음). 딸과 함께 있을 때는 생각한 것을 솔직하게 전하지 못하는 경우도 많거든요. 그런 저에게 요리는 최고의 애정표현 방법입니다. 딸이 먹고 싶어하는 음식을 만들어주거나, 학교행사 때 도시락을 담당해서 평소에 쉽게 표현하지 못하는 마음을 전하려 하죠. 그런 의미에서 저한테 요리는 가족과 소통하는 도구 중 하나일지도 모르겠네요. 그 음식을 좋아하니까 만들어줘야겠다, 몸 상태가 안 좋으니까 이런 재료를 넣어야겠다는 식으로 상대방을 생각하며 부엌에 서는 것은 행복한 일이에요. 또한 마음이 담긴 요리는 사람의 기억에 오랫동안 남잖아요. 딸이 어른이 되었을 때 우리 집 식탁을 통해서 뭔가 느끼는 점이 있으면 좋겠어요."

도미타 씨의 멋진 이야기를 듣고 나니 오늘은 소중한 사람과 여유롭게 밥을 먹고 싶어졌다.

기본 레시피

도미타 씨 하면 역시 흰 쌀밥! 일식에서 절대로 빠뜨릴 수 없는 밥 짓는 방법과 도미타 방식의 기본 무말랭이조림 레시피를 소개한다. 냄비밥은 쌀을 담아 물을 부은 지 20분이면 다 지어지므로 의외로 손쉽게 따라할 수 있다. 과정 ⑥에서 수분이 남아 있다면 상태를 보며 추가로 1~2분 단위로 가열하자.

냄비밥

【재료】

쌀············ 2컵(180ml기준)
물············ 450ml

①

쌀을 씻어서 물기를 싹 뺀 뒤 분량에 맞는 물과 함께 냄비에 넣고 불린다.

②

여름에는 30분, 겨울에는 1시간 불려 쌀이 하얗게 변했는지 확인한다.

③

냄비를 가스레인지 가운데 올려놓고 중불로 가열한다.

④

뚜껑에서 거품이 넘쳐흐르며 끓는지 확인한 뒤 그대로 2분 동안 가만히 둔다.

⑤

2분이 지나면 불을 조금 줄여서 3분, 계속해서 강불로 5~7분 가열한다.

⑥

뚜껑을 열고 수분이 남아 있지 않을 경우 그대로 10분 동안 뜸들이면 완성.

무말랭이조림

【재료】

무말랭이······ 25g
당근 ········· 1/3개
유부 ········· 작은 것 1장
육수 ········· 200ml
샐러드유 ····· 1/2작은술
간장 ········· 1큰술
미림 ········· 1큰술
설탕 ········· 1작은술
삶은 완두콩 ·· 취향에 따라 약간

①

무말랭이를 살짝 씻은 후 물에 20~30분 정도 담가서 통통하게 불린다.

②

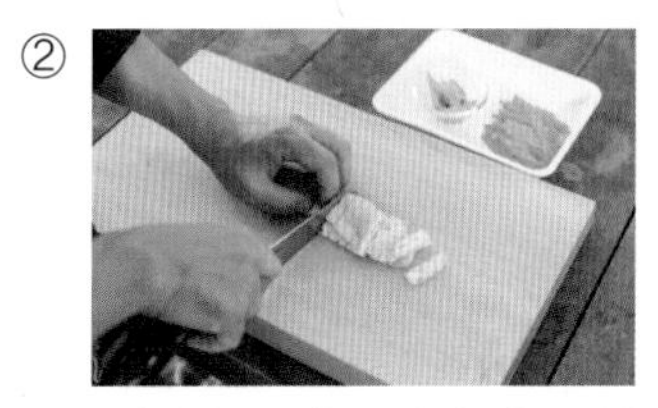

무말랭이를 불리는 동안 당근은 두껍게 채를 썰고 유부는 얇게 썬다.

③

불린 무말랭이의 물기를 뺀다. 이 다음에 볶아야 하므로 물기를 꼭 짠다.

④

육수의 절반 분량을 무말랭이를 불릴 때 써도 좋다. 무의 단맛이 듬뿍 밴다.

⑤

냄비에 샐러드유를 두르고 중불로 가열해서 당근과 무말랭이를 1분 정도 볶는다.

⑥

육수와 유부를 냄비에 넣는다.

⑦

간장, 미림, 설탕을 넣고 가볍게 섞는다.

⑧

약불로 가열해서 뚜껑을 덮고 10~15분 정도 조린다.

⑨

냄비 바닥에 국물이 살짝 남을 정도일 때 불을 끈다. 완두콩을 넣으면 완성.

정리수납 어드바이저 에미

온 가족이 살기 편한 공간을 만드는 방법

너무 열심히 노력하지 않아도 긍정적으로 '적당함'이 주제인 거실

질서정연한데도 어딘지 매우 친숙한 공간. 정리수납 어드바이저인 에미 씨의 집을 방문한 사람이라면 누구나 거실을 보고 그런 인상을 받지 않을까?

"가족의 행복은 생활의 기본이 되는 '집'에서 탄생해요. 모두가 모이는 거실은 그 밑바탕이 되는 장소죠. 정리 정돈을 해놓는 것도 필요하지만 편안하게 느낄 수 있는 것이 가장 중요합니다. 스스로 꿈꾸는 집에 대해 생각하며 형식에 빠지지 않고 여러 가지 아이디어를 짜내는 것을 정말로 좋아해요."

PROFILE

에미

emi

정리수납 어드바이저로서 강습과 상품기획 분야에서 활약하는 한편 쌍둥이 어머니로도 고군분투중이다. '가족의 행복은 생활의 기본이 되는 집에서부터'를 콘셉트로 하여 2012년 'OURHOME'을 설립했다. 《육아 수납 인테리어Ourhome》 등 여러 저서가 베스트셀러가 되었다.
인스타그램 @ourhome305
https://ourhome305.com/

트위드로 만들어서 때가 눈에 띄지 않는 데다 커버를 세탁할 수 있는 만능 소파는 10년이나 되었다. 차분한 색상인 연두색으로 칠한 벽과의 조화도 뛰어나다.

거실에는 바닥에서 편히 쉴 수 있는 낮은 테이블을 택했다. 의자가 없는 만큼 공간을 넓게 사용할 수 있어서 친구를 초대할 때 좌석 수를 신경 쓰지 않아도 되는 이점도 있다.

에미 씨의 집에는 식탁이 없다. 바닥과 가까워야 기분 좋게 지낼 수 있다는 모두의 의견을 수렴해서 낮은 테이블과 소파를 선택했다. 식사할 때나 여유롭게 보내는 시간도 전부 이 스타일을 추구하여 매우 쾌적하게 보내고 있다고 한다.

"너무 화려하지도, 너무 심플하지도 않아요. 기능적이면서 디자인도 친숙하죠. 그 '적당함'이 우리 집 주제입니다. 가사와 육아, 일에 관해서도 마찬가지예요. 날마다 완벽하게 청소하기는 어려워서, 물건도 아무렇게나 수납하고 옷도 개지 않는 식으로 대강대강 정리하는 게 기본이거든요. 그리고 무슨 일을 하든지 가족을 끌어들인답니다!(웃음) 시간과 수고를 최대한 적게 들여서 생활하기 위한 아이디어를 서로 짜내고 때로는 역할을 분담하며 모두 함께 살기 편한 공간 만들기를 목표로 해요."

낮은 테이블 같은 가구나 잡화를 구입할 때도 반드시 온 가족이 함께 의논하는 것이 규칙이다. 가족이 가구나 수납에 흥미가 없어도 선택지를 제안해서 관심을 갖게 하는 것이 요령이라고 한다.

"가구 등을 선택할 때는 아이가 어려도 '이 색이랑 저 색 중에 어느 색이 좋아?'라고 물어봐서 '내가 결정했다' 하고 성취감을 느끼게 하는 것이 중요해요. 가족이 함께 벽에 페인트를 칠하거나 타일 카펫을 새로 깐 것도 집에 대한 애착을 더욱 솟아나게 해서 마음에 듭니다."

표지가 보여서 책을 쉽게 꺼낼 수 있는 잡지꽂이는 원래 아이의 그림책장으로 사용하던 것이다. 지금은 가족들이 저마다 좋아하는 잡지나 책을 무작위로 넣어놓고 궁금한 책을 꺼낼 수 있는 온 가족의 책장이 되었다.

장난감은 거실의 오동나무 상자에 수납한다. '오셀로[보드게임의 일종]' 등의 라벨링은 전부 아이가 직접 했다. "장난감 수납에 관해서는 아이만의 규칙이 있어서 되도록 어른이 참견하지 않으려고 해요."

아이의 옷은 전부 욕실의 '꽃단장 로커'에서 관리한다. 매일 입는 옷을 고르는 일부터 세탁한 옷을 수납하는 일까지 전부 여덟 살짜리 아이 혼자서 한다니 놀라울 따름이다! '꽃단장 로커'라는 이름도 가슴이 두근거린다.

원할 때 언제든 볼 수 있도록 앨범은 거실에 놓는 것이 에미 씨만의 고집이다. 일 년에 한 권씩 엄선해서 '가장 소중한 앨범'을 제작한다. 탯줄 등을 수납한 '메모리얼박스'도 같은 장소에 보관한다.

장난감 수납은 아이들의 규칙을 존중한다

심플하고 세련되지만 가족이 사는 분위기를 확실히 느낄 수 있는 집. 아이의 장난감이나 앨범 등을 과감하게 거실의 눈에 띄는 곳에 수납한 것은 에미 씨만의 공간 만들기다.

"거실이 아이의 놀이터라서 손이 쉽게 닿는 곳에 장난감을 보관하고 싶지만 정리가 조금 귀찮잖아요. 그래서 아이가 세 살이 되었을 때 '정리 교육'을 시작했습니다. 자주 쓰는 장난감과 그렇지 않은 것을 아이들이 직접 구분한 뒤 자기들만의 규칙을 정해서 수납해요. 어른들이 '이런 게 필요해?'라고 느끼는 물건이라도 아이에게는 소중한 놀이도구일 때도 있고, 취사선택 작업은 인생에서도 중요하거든요. 정리 교육을 통해 다양한 상황에서 자주적으로 생각하는 힘을 기를 수 있으면 좋겠어요."

또한 가족의 앨범을 거실에 놓는 것도 에미 씨의 고집 중 하나다.

'사진은 남기는 것보다 그것을 보며 가족과 대화하는 것이 중요하기 때문에 보관 장소는 반드시 거실'이라고 한다. 이런 자유로운 생각은 예전에 근무하던 대형 통신판매회사에서 키웠다고 한다.

자신이 좋아하는 것으로 가득 찬 마이 노트. 딸은 최근에 흥미를 느낀다는 인테리어에 관해, 아들은 좋아하는 축구에 관해 적은 내용이 많다.

자신이 좋아하는 것을 자유롭게 적는 마이 노트는 일상생활 속에서 무엇에 매력을 느끼는지 찾을 수 있는 계기가 된다

"직장에서는 상품개발을 담당했어요. 이미 존재하는 물건에 다른 각도에서 빛을 비춰서 다른 사용법을 제안하는 것이죠. 예를 들어 세면도구를 주방에서 사용해보면 어떨까? 똑같은 아이템이라도 방향을 반대로 하면 다른 사용법이 생길지도 모른다는 식으로 물건의 활용법을 모든 시점에서 생각해요. 그래서 집에서 집안일이나 수납 아이디어에 머리를 쓰는 것도 매우 즐거워요. 선반에 이름을 붙이거나 현관에 신발 모양 스티커를 붙이는 등 사소한 아이디어지만 생활에 즉시 도입하기 쉬운 것들이랍니다."

에미 씨가 13년이나 계속 써왔다는 '마이 노트'는 이런 아이디어를 개발하는 데 절대로 빠뜨릴 수 없다. 평소에 궁금한 것을 적거나 마음에 드는 잡지를 스크랩하는 등 자유롭게 기록하는 '아이디어 수첩'이다.

"취직했을 때 시작해서 벌써 50권 넘게 썼어요. 이따금 보면 내 안의 판단 기준을 다시 확인할 수 있지요. 이를테면 지금은 SNS로 다른 사람의 화려한 라이프스타일을 볼 수 있는 멋진 시대잖아요. 하지만 한편으로 '나에게는 이런 이상적인 생활이 무리일지 몰라' 하고 반대로 부정적인 마음이 생기는 사람도 많은 편이에요. 그럴 때 마이 노트가 있으면 자기 중심이 흔들리지 않아요. 직접 그린 그림에 잡지를 콜라주하는 등 꽤 아날로그적인 방법이기는 하지만(웃음) 자신이 정말로 좋아하는 것을 찾을 수 있습니다."

최근에는 아이들도 마이 노트를 시작해서 함께 쓸 때도 많다고 한다. 장소는 당연히 가족 모두가 좋아하는 거실이다.

PART 1

자신만의 느낌이 있는 생활의 아이디어

소중한 가족과 자신을 위해서

집에서 보내는 시간을 좀 더 즐겁고, 쾌적하게

KINFOLK

01

히쓰지

ひつじ。

산과 바다와 가까운 작은 동네에서 계절을 소중히 생각한다

➡ 인스타그램 @hituji212

주말에 하룻밤 묵으러 온 딸 가족. 두 살짜리 손주가 베란다에서 토마토와 블루베리 수확을 도와줬다.

전에는 사람들의 생활을 유지하는 상담과 지원에 관한 일을 했는데 정작 저는 밤늦게 귀가하는 날이 많았고 식생활도 뒤죽박죽이었습니다. 몸 상태가 나빠진 적도 있어서 딸의 결혼을 계기로 지금의 집으로 이사했습니다.

산과 바다로 둘러싸인 작은 동네의 바닷가 아파트인데 주위에는 가게도 거의 없어요. 근처의 작은 생선가게에 신선한 생선을, 산지 직송 가게에 채소를 구입하러 가는 생활이 시작되었습니다. 지금은 두유나 쌀가루를 사용한 몸에 좋은 간식이나 식단을 생각해요. 아침에 딴 신선한 채소, 아침에 잡은 제철 생선의 맛과 계절감을 살린 요리, 저장음식 만들기가 낙입니다.

베란다에서는 채소와 허브, 블루베리를 키웁니다. 식재료를 직접 키워서 먹는 재미. 아침식사나 간식 시간에 베란다에서 채소와 과일을 따는 등 창문 너머로도 식탁이 이어집니다. 아침에 딴 신선한 채소를 먹으면 몸이 좋아하는 게 느껴져요. 저와 남편 모두 "맛있어. 신선하네" 하며 식탁에 웃음과 대화가 늘어났습니다. 방 세 개짜리 집에서 두 개짜리 작은 아파트로 옮겼기에 정말로 필요한 물건만 남겼는데, 오히려 심플하고 기분 좋은 생활이 되었습니다.

무화과잼. 계절을 병에 담아 보존한다. 우리 집의 계절을 다른 사람들에게 나눠주고 싶다.

일주일에 한 번, 산지직송 가게에서 채소를 구입한다.

계절감 있고 몸에 좋은 식단

교육가인 사토 하쓰메佐藤初女 씨의 식사를 참고하여 계절감 있고 몸에 좋은 식단을 짜도록 힘쓰고 있어요. 신선한 생선과 산지직송 채소, 방목한 닭… 산지직송품을 구입한 날에 일주일치 식단을 짜서 스케줄러에 적습니다. 다음에 구입하러 가는 날까지 냉장고의 식재료를 다 쓰려고 해요.

아침에 부엌에서 바다 위로 떠오르는 태양과 아침놀로 물든 산을 보며 제철의 식재료를 사용해 요리하는 시간이 즐거워요.

고구마밥에 가을 연어, 가을 가지. 가을의 식탁은 자연의 친절한 결실이 풍부하다.

몸도 마음도 따뜻해지는 티타임

아침에 일어났더니 너무 추워서 '오늘은 단팥죽을 만들어야지' 하고 생각했어요. 춥디추운 겨울이라서 맛있는 단팥죽. 겨울이라는 계절을 즐길 수 있습니다.

몸도 마음도 따뜻해지는 티타임을 소중히 합니다. 아침에 일어나자마자 허브티를, 조식에 드립커피를 마십니다. 오후에 차를 마실 때는 오랫동안 애용해온 낡은 다기로 약초차나 말차를 끓이거나 몸에 좋은 초간단 수제 간식을 먹습니다.

추운 겨울이라서 더 맛있는 단팥죽.

옛날 사람들은 친근한 나물을 먹으며 몸 상태를 조절했다.

현미로 나나쿠사가유를

봄의 나나쿠사가유七草粥[봄나물 일곱 가지를 넣어 만드는 죽으로, 일본에서는 1월 7일에 먹는 풍습이 있다. 일곱가지 나물은 무, 미나리, 별꽃, 떡숙, 광대나물, 순무, 냉이.] 일곱 가지 나물이 지닌 부드러운 힘으로 가족의 몸 상태를 조절합니다. 일본의 풍부한 자연에 둘러싸인 일상생활. 우리 집은 현미로 죽을 쒀요. 소박한 맛이지만 맛있답니다.

생활 속에서 계절을 느낄 수 있도록 늘 연구합니다. 산책할 때 딴 풀꽃으로 집 안을 장식하거나, 산을 걷다 모은 작은 나뭇가지와 나무열매로 모빌을 만들고, 잎사귀는 티타임용 간식이나 남편의 도시락에 곁들입니다. 그렇게 하면 작은 집 안에서도 계절을 느낄 수 있어요.

PROFILE

▶ 거주지/ 연령/ 직업/ 가족/ 취미

고베/ 50대/ 전업주부/ 본인과 남편/ 독서, 등산

▶ 좋아하는 집안일

청소(집 먼지와 함께 마음의 먼지도 사라져서 스스로 단련하는 기분이 든다)와 요리(가족이 좋아하는 얼굴이 기쁘고, 식탁에서 계절을 받아들이는 것이 즐겁다)

▶ 싫어하는 집안일

서류 정리(순식간에 쌓인다)

▶ 대충 하는 부분

치료를 받아서 몸이 지쳤을 때는 집안일을 하지 않는다. 청소는 정해진 시간이 되면 신경 쓰여도 멈춘다. 절반 정도 하면 충분하다.

▶ 확실히 하는 부분

아침 9시 30분까지 그날의 저녁 준비를 포함한 집안일을 끝낸다.

▶ 일상에서 느끼는 행복

'나만의 아침시간'을 소중히 한다. 5시에 일어나 베란다에서 딴 허브로 차를 끓여서 마신다. 조용한 음악을 들으며 책을(기독교 신자라서 주로 성경과 에세이집) 읽는다. 그리고 집 앞의 바다로 나가 산책하거나 자기 전에 감사 일기(오늘 있었던 일 중에서 감사할 만한 일 세 가지를 든다)를 쓴다.

▶ 자기계발을 위해 하는 일

책을 좋아해서 매달 친구나 전 직장 동료와 '독서 모임'을 갖는다.

02

이토 유이
いとう由維

상쾌하게 생활할 수 있도록 수납과 정리를 끊임없이 살핀다

가장 좋아하는 공간인 거실. 오늘도 세 자매는 이곳을 지나 힘차게 밖으로 나갔다.

인스타그램 @itou58
키 크는 시간身の丈時間
http://minotakejikan.hatenablog.jp/

단풍철쭉을 할머니 댁에서 얻어왔다.

어릴 때부터 은근히 학교 청소를 좋아했는데, 특히 걸레질을 매우 좋아했어요. 지금도 그때와 달라진 게 없어요. 평소에는 다른 일을 하는 김에 잠깐씩 청소합니다. 목욕하다 잠깐 청소, 화장실에 볼일 보러 들어갔다가 잠깐 청소… 이런 식으로 간단하게 치우고 월급날 전 휴일은 확실하게 청소하는 날로 정했습니다.

초등학교 3학년 무렵 본가를 다시 지었을 때 처음으로 내 방이 생겨서 엄청 기뻤던 기억이 있어요. 깨끗한 내 방을 유지하고 싶어서 자주 걸레질을 하고 가구 위치도 바꿨습니다.

집 전체가 장식한 느낌이 없는 인테리어인데 남들이 깔끔해서 기분 좋다고 해요. 소품 장식은 잘 못하지만 들꽃이나 식물로 꾸며서 계절을 느낍니다.

발달장애가 있는 딸을 위해서 수납 · 정리 방법을 충분히 재검토합니다. 장난감 수납에서 시작해 집 전체를 다시 보게 되었죠. 어디에 무엇이 있는지, 정말로 필요한 물건의 위치를 끊임없이 확인해서 가족이 물건을 찾아 헤매지 않게 하고 있습니다.

어디에 무엇이 있는지, 정말로 필요한 물건의 위치를 끊임없이 살핀다.

옷은 옷걸이를 사용해서 수납

아이들이 스스로 옷을 갈아입을 수 있게 돼서, 세 자매의 옷(상의, 원피스)을 전부 옷걸이에 걸어 수납했어요. 세탁할 때 사용하는 옷걸이와 옷장에서 사용하는 옷걸이를 통일해서 옷을 세탁한 뒤 마르면 그대로 옷장 속으로 직행! 옷을 개지 않아도 되니까 편하답니다.

봉 하나를 3등분해서 결속밴드로 표시했어요. 결속밴드는 굳이 자르지 않고 옷이 이동하지 않도록 방지했죠. 조금이라도 편하고 싶은 엄마예요(웃음).

옷을 개지 않는 옷걸이 수납은 시간을 단축할 수 있다.

세 자매의 헤어액세서리 관리 방법

주방 수납장 문 안쪽에 '100엔숍'에서 구입한 벽걸이 포켓을 붙여서 관리합니다. 빗도 똑같은 장소에 보관해요.

날마다 세 자매가 각각 헤어액세서리를 골라서 빗을 들고 저한테 찾아와요. 정기적으로 다시 보며 포켓에 수납하는 헤어액세서리 수를 제한하도록 합니다. 세 자매의 작은 보물이라서 쉽게 처분할 수는 없답니다.

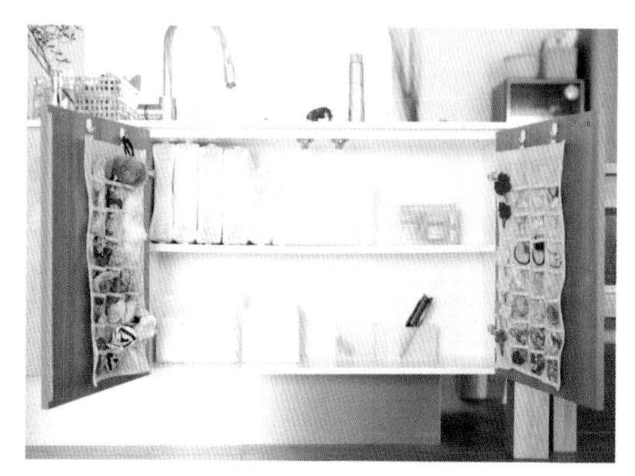

주방 뒤쪽 수납장 문 안쪽에 헤어액세서리를 수납.

거실에 신문지를 보관한다. 한 장씩 접어놓으면 사용할 때 편리하다.

신문지의 용도

신문지는 아주 유용해요. 거실 구석에 있는 바구니 속에 신문지를 보관합니다. 시간이 있을 때 한 장씩 접어서 개수대 밑에도 보관하고 있어요.

사용법은 다양합니다. 아이들이 그림을 그릴 때, 튀김을 만들 때, 신발 속에 말아 넣을 때(습기 및 냄새 제거), 가방이나 모자의 모양이 흐트러지는 것을 방지할 때, 오래된 기름을 버릴 때, 채소나 과일을 냉장고에 넣을 때나 껍질을 벗길 때도 사용해요.

PROFILE

▶ 거주지/ 연령/ 직업/ 가족/ 취미
후쿠오카 현/ 30대/ 회사원/ 본인, 남편, 딸 8세, 6세, 2세/ 서점에 가기, 그림 그리기

▶ 좋아하는 집안일
청소

▶ 싫어하는 집안일
요리. 틀에 박힌 메뉴뿐이라서 식단을 생각하는 것이 특히 어렵다.

▶ 일상에서 느끼는 행복
아이들과 툇마루에서 주먹밥과 아이스크림을 먹을 때가 행복하다.

▶ 일상에서 받는 스트레스와 해소법
셋째딸이 아직 어려서 생각처럼 집안일을 할 수 없을 때도 있지만, '집안일은 나중으로 미룰 수 있어도 아이를 안아줄 수 있는 기간은 짧다'고 생각을 바꿨다. 짜증 나는 때일수록 어쩐지 청소, 정리가 잘되므로 청소, 정리를 한다.

▶ 확실히 하는 부분
아침에는 일단 바쁘다. 조금이라도 편해지려고 거실에 세 자매 전용 옷 박스를 만들어서 다음 날 갈아입을 옷을 준비해놓는다. 아침에 일어나 아이들이 각자 박스에서 옷을 꺼내 갈아입고 잠옷은 박스에 넣는 시스템을 만들었다. 그것만으로 매우 도움이 된다.

▶ 자기계발을 위해 하는 일
좋다고 느끼는 일은 일단 행동으로 옮긴다.

03

나카노 하루요
中野晴代

하나 사면 하나 버리기를 항상 명심한다

인스타그램 @haruyonakano

풀타임 근무로 낮에는 집에 있는 시간이 별로 없지만 출근 전 정리한 집의 쥐죽은 듯 고요한 분위기를 좋아한다. 오늘도 힘내자는 마음이 든다.

곤도 마리에近藤麻理惠 씨의 책을 읽고 그대로 성실하게 정리 축제를 실천한 지 약 한 달이 지났습니다. 그 전에는 치워도 사흘이 지나면 어질러졌는데, 한 달이 넘게 지나도 정리되어 있는 것에 저도 깜짝 놀랐어요!(웃음) 지금까지는 평일 풀타임 근무를 핑계로 어질러져 있어도 어쩔 수 없다고 생각했는데 태도를 바꿨습니다. 정리를 안 좋아하는 줄 알았는데 어쩌면 아닐지도 모른다는 자신감이 생겼답니다.

쓰레기봉투로 환산하면 아마 50봉지 정도를 버린 것 같습니다. 일단 물건이 줄어서 수납장 안이 70퍼센트 정도만 채워지니 갠 옷을 넣는 게 편해졌어요.

청소할 때 주의하는 것은 식탁에 소지품을 놓지 않기. 출근 전에 깨끗한 상태로 치우고 집을 나서기. 가스레인지 위에 냄비나 프라이팬 등을 올려놓은 채로 방치하지 않기. 화장실에 들어갈 때마다 조금씩 청소하기. 세면대도 손을 씻을 때 함께 청소하기. 또 '하나 사면 하나 버리기'를 늘 명심해서 물건이 늘어나지 않도록 힘씁니다. 그리고 쓰지 않는 물건은 새 제품이라도 가차 없이 처분해요.

유행을 좇지 않으니 충동구매를 하지 않게 되었다.

인테리어는 유행이 있다

거실 선반 위에 올려놓은 물건은 5년쯤 전부터 달라지지 않았습니다.

인테리어는 패션과 똑같아서 유행이 왔다 가기 때문에 크게 신경 쓰지 않아요.

최근에는 물건 욕심이 완전히 없어져서 소모품 외에는 구매하지 않습니다. 금세 질리는 걸 알아서 차분히 생각하게 된 것 같아요. 곧잘 충동구매를 했던 터라 대단한 진보라고 할 수 있죠.

나만을 위해 정성을 들인 생활

이탈리아 사르데냐 섬을 여행하며 장인이 직접 만든 전통 나이프를 사 왔습니다. 크기가 좀 작은데 매우 멋지답니다. 에스프레소 메이커도 구입했는데 무명 브랜드 제품이지만 일본 엔화로 1,000엔도 안 할 정도로 저렴해요.

요리를 잘 못하니까 좋아하는 식기를 사용해서 의욕을 끌어올립니다.

오른쪽) 이탈리아 토산품 나이프를 구입했다.
왼쪽 위, 아래) 좋아하는 식기를 사용해서 요리를 즐긴다.

PROFILE

▶ 거주지/ 연령/ 직업/ 가족/ 취미
시즈오카 현/ 40대/ 회사원, 홍보 담당/ 본인, 남편, 큰아들(초6), 작은아들(초3), 시부모님/ 사진촬영, 친구와 보내는 시간

▶ 싫어하는 집안일
빨래 개기를 가장 싫어하지만 미니멀라이프를 지향하며 물건이 줄어드니 갠 옷을 넣는 일이 편해졌다.

▶ 대충 하는 부분
풀타임을 근무해서 대부분 대충 정리한다. 완벽하게 하려고 하면 피곤하므로 적당히 한다.

▶ 집안일에 대해서 칭찬받은 부분
집에 온 사람들이 눈에 띄는 것마다 전부 멋지다고 칭찬했을 때 기뻤다.

▶ 일상에서 받는 스트레스와 해소법
방이 어질러져 있을 때. 일단 버릴 것을 버리고 나서 정리한다.

▶ 일상에서 느끼는 행복
아이와 함께 지내는 시간. 아무리 일 때문에 늦어져도 아이와 지내는 시간을 만든다. '잠깐만 기다려!'라는 말은 가능하면 하지 않으려고 한다. 집안일을 하는 도중에 아이가 부르면 하던 일을 멈춘다.

▶ 자기계발을 위해 하는 일
늘 신경을 집중한다. 회사에서 홍보 및 마케팅 업무를 맡고 있으므로 나보다 훨씬 더 젊은 고객이 지금 어떤 것에 흥미를 느끼는지, 내 취미가 아닌 것이라도 관심을 둔다.

04

고즈에

こずえ

집의 중심인 주방을 사령탑 삼아 두루 살핀다

인스타그램 @koz.t

주방이 집의 중심. 가지 뻗은 모양이 예쁜 철쭉을 장식했다.

집을 지을 때 동선을 잘 고려해서 주방이 집의 중심이 되도록 설계했습니다. 주방에 있을 때가 많은데, 사령탑처럼 현관, 거실, 다다미방 등 모든 방을 두루 살필 수 있는 게 마음에 들어요. 집 어디에서나 식물이 보이도록 배치했고, 또 사방에 계절 꽃이나 나뭇가지를 장식해서 즐깁니다.

집안일은 거의 대충 하지만 가족 모두가 사용하는 장소를 아침저녁으로 청소해서 리셋하는 일은 날마다 하고 있어요. 또한 쓰레기 버리기나 조간신문 가져오기, 빨래 개기 등 '이름도 없는 집안일'은 가족끼리 분담해서 부탁할 수 있는 일은 남편이나 아이들에게 맡깁니다.

최근에는 세 살짜리 둘째딸의 말수가 부쩍 늘어서 대화를 천천히 즐길 수 있도록 집안일을 후다닥 끝내고 함께 노는 시간을 만들고 있어요.

날마다 분주하고 정성과는 거리가 먼 생활을 해도, 평소에 예쁜 말투를 쓰고 자세를 바르게 하는 일부터 시작하면 되지 않을까요? 사소한 일이라도 가족에게 영향을 미치고 아이의 성장이 달라집니다.

나뭇가지째 꽂으면 물이 잘 썩지 않아서 날마다 물을 갈아주지 않아도 된다. 오래가므로 식물 초심자에게 추천한다.

현관에는 물건을 놓지 않는다

현관에 물건이 넘치는 집은 판촉 영업이나 악덕 상술에 속아 넘어가기 쉽다는 말을 들은 적이 있는데, 그 말을 들은 후 되도록 물건을 잡다하게 놓지 않도록 노력합니다. 한 가지를 놓으면 한 가지를 정리하지요. 현관에 한정된 것은 아니지만 이게 꽤 어려워요. 사실 부지런히 청소하질 못해서 다른 사람이 놀러 올 때 '이건 좋은 기회야' 하며 청소해요.

한 가지를 놓으면 한 가지를 정리하는데, 꽤 어렵다.

PROFILE

▶ 거주지/ 연령/ 직업/ 가족/ 취미
에히메 현/ 30대/ 전업주부/ 본인, 남편, 큰아들 9세, 큰딸 8세, 작은딸 3세/ 다도, 장식용 리스와 스웨그 만들기, 그릇 수집

▶ 좋아하는 집안일
빨래. 더러워진 옷을 세탁기에 던져 넣어서 리셋하는 느낌을 좋아한다. 어떻게 효율적으로 진행할 것인지 고려한다.

▶ 싫어하는 집안일
청소. 날마다 자주 하지 못한다.

▶ 대충 하는 부분과 확실히 하는 부분
대충 하는 부분이 많지만 아침저녁으로 가족 모두가 사용하는 장소를 리셋하는 일은 날마다 하고 있다. 문명의 이기는 실컷 활용한다(로봇청소기, 식기세척기, 편의 가전). 남편의 식사를 준비하지 않아도 될 때는 아이들이 좋아하는 음식을 먹으러 간다.

▶ 일상에서 느끼는 행복
아이가 어리면 예정대로 되지 않는 일이 많은데, 그날 하고 싶던 일이 순조롭게 끝났을 때 행복을 느낀다.

▶ 바쁠 때의 아이디어
예정대로 일을 처리할 수 없을 때, 해야 할 일 목록을 만들어서 꼭 해야 하는 일을 한눈에 보이게 정리한다.

▶ 자기계발을 위해 하는 일
여러 사람과 대화한다. 실제로 만나서 이야기하는 것이 가장 좋지만, 인스타그램에서 공통적인 취미가 있는 사람이나 매력적인 사람과 댓글을 주고받는 것만으로도 나에게 도움이 된다.

푸드 스타일링을 좋아한다

음식과 관련된 물건을 수집하는 것을 예전부터 매우 좋아해서 그릇, 케이크 틀, 나무 보드, 냄비 등 수집품 목록을 나열하면 끝이 없습니다. 푸드 스타일링을 좋아해서 평범한 요리를 맛있어 보이게 담아내는 게 매일의 즐거움입니다.

평소 채소 중심 메뉴로 사이드 디시를 최대한 많이 준비하도록 신경 써요. 결혼하기 전까지는 요리를 전혀 하지 않았지만 시어머니가 요리를 잘하시고 솜씨도 뛰어나서 그 영향을 받았습니다. 단 메뉴를 생각하는 게 어려워요. 한 번 요리하기 시작하면 이것저것 다 만들고 싶어지지만 선뜻 움직이기가 힘드네요.

그릇의 힘으로 평범한 요리라도 맛있어 보인다.

생활 속에 다도를 도입했다. 좋아하는 그릇에 좋아하는 일본과자를 담아 곁들여 냈다.

케이(@decokei)가 보내준 '센트레 더 베이커리'의 사각 식빵으로 샌드위치를 만들었다.

▶ 매일의 시간표

6:00	기상
6:15	가족의 아침식사, 도시락 준비
7:30	나의 아침식사
8:00	세탁기 두 번 돌리기
8:30	주방 정리
10:00	슈퍼마켓에서 장보기, 외출할 일이 있을 때는 이 시간에 해결한다
10:30	빨래 널기, 전날 빨래 개기, 거실과 주방 청소
12:00	점심식사, 차녀와 놀기, 자유시간
15:30	장남 · 장녀 귀가
17:00	저녁식사 준비
18:00	아이들의 저녁식사
18:30	장남 · 장녀 학원에 데려다주기
19:30	남편 귀가, 저녁식사
20:00	학원에서 돌아오는 아이들 마중
21:00	아이들 취침
22:00	설거지, 목욕
23:00	자유시간
24:00	취침

부부가 함께 마시는 커피를 좋아한다

매일 아침 남편과 커피를 마십니다. 원두는 신선하고 맛있는 것을 구입해요. 평소에 남편이 갈지 않은 원두를 200그램씩 사다주는데, 매번 다른 산지의 것으로, 강배전이나 약배전 등 다양하게 사 옵니다. 그걸 직접 갈아서 핸드드립을 하는데 요즘은 융을 사용해서 커피를 내리는 방법을 좋아합니다.

아침에는 블랙커피를, 낮에는 우유를 듬뿍 넣은 커피를 마십니다.

융드립은 잡맛이 없고 맛이 순해져서 좋다.

우리 집 조식은 빵이라서 커피가 잘 어울린다.

외관이 멋져서 일부러 눈에 띄는 곳에 수납하는 케맥스의 커피메이커.

05

에미
emi

'무인양품'이나 '100엔숍'을 최대한 활용한다

인스타그램 @emiyuto

스티커는 일러스트레이터 노리타케Noritake의 작품이다. 작년에 무인양품에서 나눠준 것.

맨 위칸은 정리박스에 고무줄, 머리핀 등을 수납.

두 번째 칸은 아들, 세 번째 칸은 딸의 물건.

네 번째 칸에는 드라이기를 넣어둔다.

집안일을 즐겁고 편하게 할 수 있는 방법이나 가족이 편히 지낼 수 있는 방법을 연구하는 것을 좋아합니다. 이를테면 물건을 보관할 장소를 정해서 쓰고 나면 그곳에 돌려놓는 거예요. 일용품도 장소를 정해놓으면 사라질 일이 없어서 가족이 기분 좋게 쓸 수 있습니다.

얼마 전에 키가 작은 딸이 세면대를 사용할 수 있도록 받침대를 '카인즈'에서 구입했습니다. 이 받침대는 걸어서 수납할 수 있어요. 걸어놓으면 청소하기 쉽죠.

또 전에 '무인양품'에서 구입한 진열장의 맨 위칸 서랍에 딱 들어가는 정리박스를 100엔숍에서 구입했어요. 늘 세면실에서 딸의 머리를 빗겨주는 터라 빗이나 재빨리 쓸 수 있는 고무줄 등을 수납하고 가장 안쪽에는 아이용 선크림을 넣었습니다. 여기에 보관하면 아이들이 직접 꺼내서 바를 수 있거든요. 두 번째 칸, 세 번째 칸은 아들딸의 양말, 손수건, 급식용 주머니와 냅킨을 보관합니다. 물론 아이들이 스스로 준비해요. 네 번째 칸에는 드라이기가 들어 있어요.

가족이 편히 쓸 수 있는 수납을 하고 싶다

가족이 기분 좋게 생활할 수 있는 공간을 생각하는 동안 수납을 다시 보게 되었습니다.

예를 들어 아이 방의 장난감 공간은 아이들이 그림을 그리거나 만들기를 하며 놀 때가 많아서 쓰다 만 종이류가 많고 자잘한 물건도 많아서 좀처럼 정리가 되지 않아요. 아들은 듀얼 마스터스 카드와 닌텐도DS, 요즘에는 갖고 놀지 않지만 베이 블레이드… 딸은 펄러비즈와 멋내기 소품, 나머지 자질구레한 물건… 이런 물건은 '다이소'에서 구입한 박스에 수납합니다. 한 박스에 한 아이템을 수납하기에 편리합니다.

흩어지기 쉬운 카드는 박스 안에 다이소에서 파는 칸막이판을 이동할 수 있는 케이스를 넣어서 수납한다. 아들이 강력한 카드 등 여러 가지로 분류해야 한다고 해서 칸막이가 중요하다(웃음).

PROFILE

▶ 거주지/ 연령/ 직업/ 가족/ 취미

후쿠오카 시/ 매장 근무/ 본인, 남편, 아들 12세, 딸 9세/ 빵집 탐방

▶ 좋아하는 집안일

집안일 전반은 좋아하지 않지만 어떻게 하면 편하게 할 수 있는지, 가족이 좋아하는지 생각하는 것을 좋아한다.

▶ 싫어하는 집안일

욕실 청소, 다림질

▶ 대충 하는 부분

바닥 청소는 로봇청소기를 이용한다. 하려고 마음먹은 일을 60퍼센트 정도만 처리해도 충분하다.

▶ 확실히 하는 부분

외출 및 취침 전에 정리해서 리셋한다. 귀가 후나 아침에 정리되어 있지 않으면 정신적으로 의욕을 상실하기 때문이다.

▶ 일상에서 느끼는 소소한 즐거움

집 안에 꽃 장식하기. 맛있는 빵집의 빵으로 가족과 식사하기.

▶ 일상에서 느끼는 행복

가족과 보내는 시간. 가족이 거실에서 노는 모습을 보는 시간. 친구와 맛있는 음식을 먹으며 실컷 웃는 순간.

▶ 자기계발을 위해 하는 일

주위 사람들과 돈독한 관계를 맺으려고 한다! 학교 임원도 이왕 하는 일인데 마지못해 하기보다 사람들과 잘 어울리며 즐기고 싶다. 또한 집안일도 즐기면서 하면 결과적으로 자기 연마로 이어진다고 생각하며 일상적인 일들을 하고 있다.

청소는 '생각났을 때 즉시' 한다

청소용 세제는 심플하고 천연 성분인 제품을 좋아해요. 특히 '세스퀴' 탄산소다는 기름때에 효과적이어서 인덕션이나 개수대도 세스퀴 탄산소다를 뿌려 멜라민 스펀지로 문지르고 마무리로 '파스토리제 77'을 뿌려서 닦아 냅니다. '머치슨흄'은 천연 성분이라서 주로 식탁이나 카운터 상판을 닦습니다. 또 매달(못할 때도 있지만) '옥시크린'을 사용해서 개수대를 반짝반짝하게 닦습니다.

지저분해지기 전에 할 수 있는 대책을 마련했어요. 가능한 한 물건을 늘어놓지 않으면 쉽게 청소할 공간을 만들 수 있으니 청소가 편해진답니다.

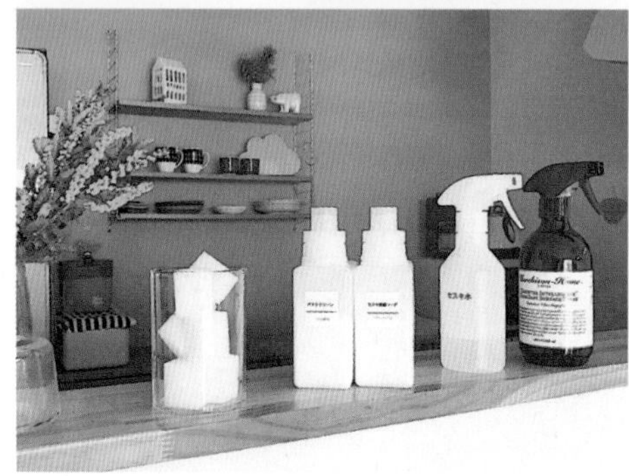

위) 청소는 다른 일을 하는 김에, 생각났을 때 즉시 하는 습관을 들였다. 그래야 나도 편하다.
왼쪽) 청소용 세제는 되도록 천연 세제를 사용한다.

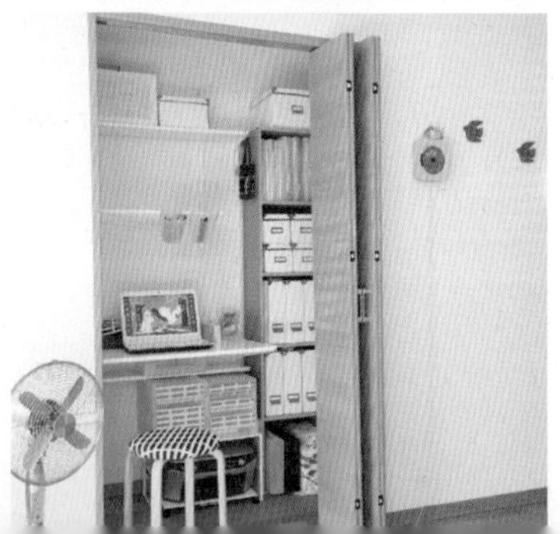

위) 외출하기 전에 로봇청소기를 돌리기 위해 의자를 테이블 위에 올려놓는다.
왼쪽) 편리한 거실 벽장.

편하게 집안일을 하는 비결

직장에 다니기 때문에 날마다 바닥 청소는 로봇청소기에게 맡기고, 집안일도 해야겠다고 마음먹은 일의 60퍼센트만 처리하면 된다고 생각합니다.

식사도 식재료는 신경 쓰지만 남편이 출장을 가는 날은 한 그릇 요리로 끝내는 경우가 있어요. 너무 바쁠 때는 무리해서 정리하지 않습니다. 거실 벽장에 물건을 임시로 보관할 수 있는 공간이 있어서 그 안에 숨겨놓고 벽장문을 닫으면 괜찮거든요.

다림질은 한곳에서

일주일치 와이셔츠와 아이들의 급식 앞치마를 한 번에 다립니다. 그때그때 다리면 좋지만 저도 모르게 쌓이고 말아서, 한 번에 다려야 전기세가 절약된다고 자기합리화해요. 다림질을 하는 장소에 도구를 한데 모아놓아서 매우 효율적입니다. 남편이 침실에서 옷을 갈아입는 터라 침실에서 다림질합니다. 우리 집에는 다용도실이 없어서 다리미를 놓을 만한 장소가 침실뿐이기도 해요.

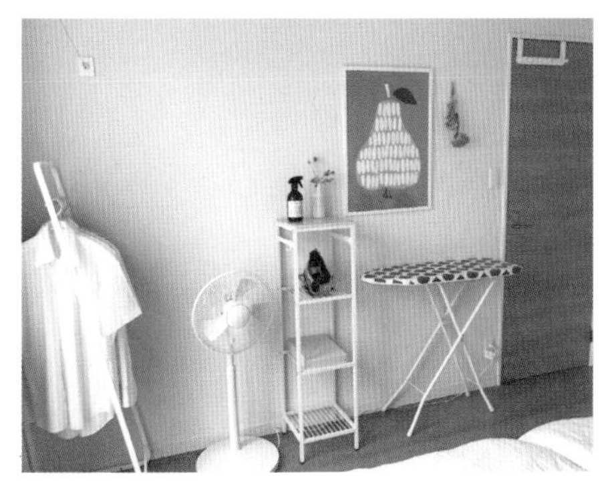

다림질이 끝나면 옷걸이에 걸기만 하면 된다.

양념은 가능하면 무첨가 제품으로

양념은 가능하면 무첨가 제품을 쓰려고 늘 주의합니다. 카놀라유, 수수설탕은 늘 정해진 제품을 구입합니다. 각종 양념은 용기에 옮겨 담습니다.

아이가 생겨서 식재료나 첨가물에 조심하게 되었습니다. 또 아이가 생긴 후로는 친구와 집에서 각자 가져온 음식으로 점심을 먹을 기회가 늘어나서 반찬이나 디저트도 핸드메이드를 즐기게 되었습니다.

양념은 국산이나 무첨가 제품으로 구입한다.

아이 방은 장래에 초점을 맞춘다

아이 방의 벽지는 아이들이 직접 좋아하는 색을 고르게 했습니다.

공부용 책상은 성장한 후에도 쓸 수 있도록 심플한 무인양품 제품을 선택했어요. 의자는 책상에 맞는 소재의 제품을 집 근처 가구점에서 골랐지요. 지금은 그곳에서 공부한다기보다 둘이서 함께 놀거나 만들기를 합니다.

언젠가 각자의 방을 나누어 책상과 침대를 놓을 것을 전제로 해서 침대도 무인양품 제품을 구입했습니다. 이 침대는 뼈대가 갈빗살 모양이라서 날씨가 좋은 날에 매트를 세워두면 통기성이 좋고 습기가 잘 차지 않는 점도 마음에 들었답니다.

위) 책상 조명은 무인양품 제품이다.
아래) 침대는 오래 사용하는 물건이므로 단순한 디자인을 선택했으며, 이것도 무인양품 제품이다.

06

셰릴 라이프

cheryl_life

정리, 미니멀라이프를 좋아하는 습성은 어머니 덕분

인스타그램 @cheryl_life
cheryl의 저축 기술과 육아 기술
Cherylの貯金術と育兒術

가장 좋아하는 원목과 철제로 된 식탁. 바퀴가 달려 있어서 움직이기 쉽다. 가구 위치를 바꾸기에도 편하다.

친정집은 예전부터 쓸데없는 물건 없이 늘 정돈되어 있었습니다. 앤티크 가구와 식기만 고집하며 수건의 색상까지 통일해서 보고만 있어도 기분이 매우 좋았어요. '질리는 물건은 사지 않는다. 필요 없는 물건은 버린다.' 어머니가 늘 한 말이에요. 그런 어머니의 영향을 받아서 저도 정리, 미니멀라이프를 매우 좋아합니다. 옷은 수납공간의 60퍼센트만 차지하는 것을 목표로 해서 1년 동안 입지 않은 옷이나 없어도 크게 상관없는 것은 처분합니다.

어린 아들이 있어서 집안일은 최대한 대충 하고 있습니다. 아이가 먹다 흘린 음식을 재빨리 닦을 수 있도록 카펫 종류는 깔지 않고 화장실 매트도 없앴어요. 바쁠 때 빨래는 건조까지 기계에 맡기고, 식기도 식기세척기를 풀가동합니다.

SNS를 통해서 다양한 사람들의 생활을 볼 수 있지만 지나치게 휩쓸리지 않으려고 해요. 다른 사람의 좋은 점은 적절히 받아들이면서 나만의 개성을 잃지 않고 살아가고 싶습니다.

친정집은 늘 쓸데없는 물건 없이 정돈되어 있었다.

비 오는 날은 더없이 좋은 청소시간

비가 와서 냉장고를 청소했습니다. 청소할 때는 일단 물건을 전부 꺼내서 유통기한을 확인해요. 이번에도 조미료와 소스의 기한이 지나서 버렸답니다! 이런 때가 아니면 유통기한을 제대로 확인하지 않으니까요.

장보기는 주말에 한꺼번에 하고 목요일에 부족한 것을 구입해서 기본적으로 일주일에 두 번씩 하는 셈입니다. 식재료를 낭비하는 일이 적고 냉장고도 깨끗하게 유지할 수 있습니다.

우리 집은 주말에 욕실, 개수대, 가스레인지, 현관을 한 번에 청소하며 모든 방에 청소기를 돌려요. 매달 냉장고 속에 있는 물건을 전부 꺼내서 정리하지요.

주말에 우리 집 냉장고는 텅텅 빈답니다(웃음). 전에는 꽉꽉 채웠는데 지금은 계획적으로 일주일치만 넣어놓습니다. 이것을 지키게 된 후로 썩어서 버리는 경우가 압도적으로 줄어들었어요! 예전에는 한꺼번에 왕창 사는 것을 좋아해서 일주일에 몇 번씩 슈퍼마켓에 갔습니다. 3인 가족인데 채소를 상자째 구입한 탓에 순식간에 감자에 싹이 나고 양파도 썩기 일쑤였어요. 지금은 다 쓸 수 있는 분량만 구입하기로 생각을 바꿨습니다.

전에는 쟁여둔 식재료가 없으면 걱정했는데 지금은 어떻게 하면 낭비 없이 다 쓸 수 있을지 신경 쓰며 노력한다.

하겐다즈 아이스크림은 선물로 받은 것. 아들이 지저분하게 먹어서 뚜껑이 없다(웃음).

PROFILE

▶ 거주지/ 연령/ 직업/ 가족/ 취미
도쿄/ 30대 초반/ 회사원/ 본인, 남편, 아들 3세/ 해외여행, 인테리어매장 구경, 가구 위치 바꾸기, 미니멀라이프, 절약기술 모색

▶ 좋아하는 집안일
정리 정돈

▶ 싫어하는 집안일
요리. 시간을 단축할 수 있는 레시피를 늘리고 싶다.

▶ 일상에서 느끼는 행복
아이의 성장기록 앨범을 만들 때. 한 살까지는 매달, 한 살 이후에는 이벤트가 있을 때 만든다. 손쉽게 만들 수 있어서 계속 하고 있다.

▶ 스트레스 해소법
아들이 잠든 후에 혼자서 영화를 보거나, 아이를 남편에게 맡기고 쇼핑을 하거나 카페에 가거나 좋아하는 화장품을 찾으며 스트레스를 푼다.

▶ 바쁠 때의 아이디어
퇴근 후 한 시간 안에 요리를 준비하고 아들을 마중 나간다. 아들이 있으면 집이 순식간에 어질러져서 치워도 의미가 없다. 밥을 먹다가 흘리고 음료도 쏟는다. 목욕할 때 난동을 부리고 옷을 입히려면 도망쳐서 쫓아다녀야 하는 나날… 집안일은 최대한 대충 하는 것이 모토! 식기는 식기세척기에 넣는다. 빨래는 남편에게 부탁하거나 세탁건조기를 사용한다. 음식은 일요일에 식재료를 한꺼번에 구입해서 조리해놓는다. 주중에는 반찬 등을 구입해서 보충한다.

▶ 자기계발을 위해 하는 일
아이의 낮잠시간을 노려서 집안일, 절약, 육아, 요리, 업무기술, 인테리어 등에 관한 책을 닥치는 대로 읽는다!

07

카아상
かーさん。

하루 3,000엔! 즐겁고 확실하게 가계관리

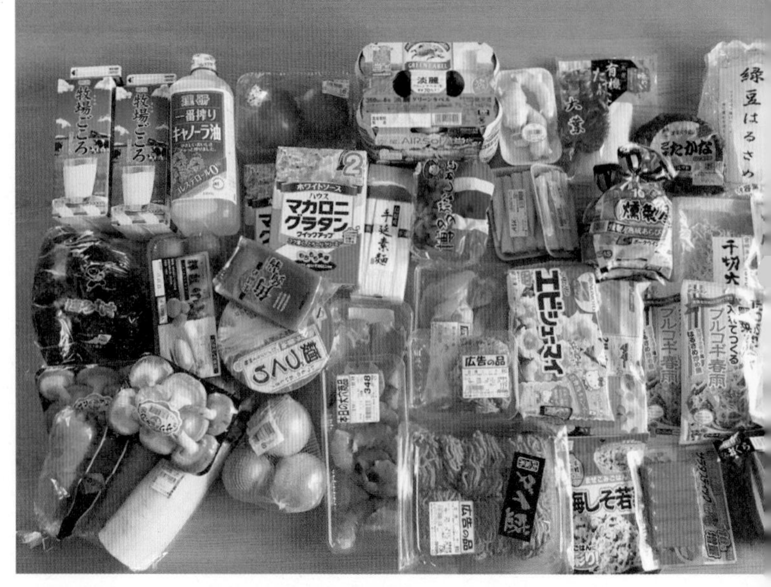

이날의 지출은 8,320엔. 눈에 띄게 잘 먹는 아홉 살 아들. 하지만 살림 꾸리기는 즐겁다.

➡ 인스타그램 @kaasankakei365
엄마 가계 365일母さん家計365日

하루 3,000엔만 쓰는 것을 목표로 하고 남은 돈은 저금합니다. 저금용 통장도 만들었어요. 일상생활을 되돌아보며 정성 들인 생활을 하는 것이 목표입니다.

식사를 준비할 때도 절약을 생각합니다. 식단을 짜서 식재료 낭비를 없애는 것이 목표이므로 일주일에 한 번 냉장고가 텅 비도록 실천하여 냉장고를 청소합니다.

일주일의 흐름을 보면 먼저 5일치 식단을 고려합니다. 한 주에 덮밥, 파스타, 생선을 최대한 식단에 넣습니다. 메인 요리부터 결정한 후 그에 어울리는 배합, 채소의 양을 고려해서 반찬을 결정합니다.

직접 만든 메인 요리, 반찬 노트를 보면서 로테이션으로 식단을 생각합니다. 나머지 이틀은 남은 식재료로 요리합니다. 여러 종류의 채소 조각을 잘게 썰어서 다진 고기와 섞은 카레가 일품이랍니다.

제 유일한 취미는 가정텃밭 가꾸기입니다. 우리 집의 중요한 식재료원이지요(웃음). 벌써 거의 4년차인데 즐거워요. 직접 재배하니 훨씬 더 맛있게 느껴집니다.

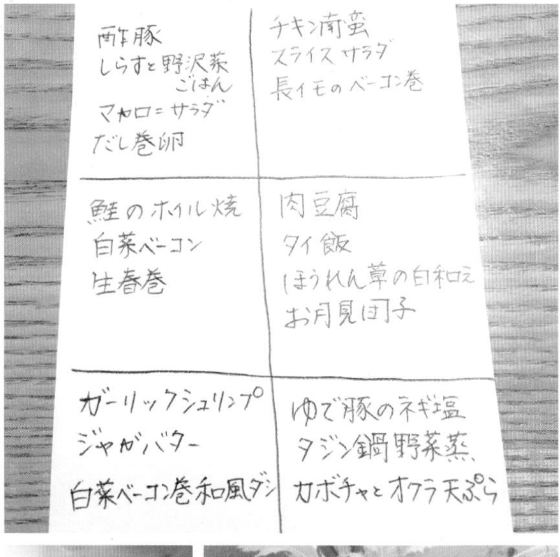

위) 식단은 냉장고에 붙여놓는다. [주요 메뉴는 탕수육, 치킨 난반, 연어구이, 고기두부조림, 갈릭슈림프, 돼지고기수육 등이다.]
아래) 취미는 가정텃밭 가꾸기. 우리 집의 중요한 식재료원(웃음).

하루 3,000엔이 목표

현재 당면한 과제는 생활비를 남겨서 저금으로 돌리는 방법을 찾는 것입니다. 월 저금 5만 엔이 한계예요. 사진의 통장은 절대로 인출하지 않는 돈이랍니다. 메모한 대로 남편의 월급에서 고정비, 생활비, 미리 저축한 금액을 빼고 남은 돈(평균 1만 2,000~2만 5,000엔)을 내리 모아놓았다가 경조사 등에 필요한 돈은 여기에서 냅니다. 아이의 성장과 함께 임시 지출이 많아졌습니다. 더 노력해야 해요! 이런 식으로 써서 재확인합니다.

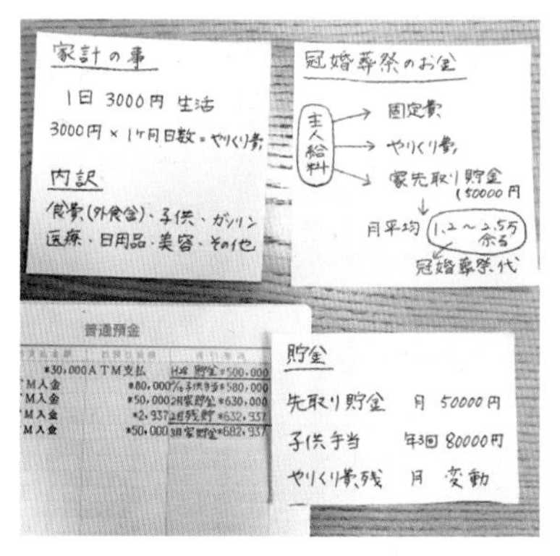

메모는 링 바인더에 붙여서 동기부여를 유지한다.

예산이 빠듯했다

이번 달 예산 9만 엔(하루 3,000엔×30일)에서 사용한 돈은 8만 9,171엔이고 남은 돈은 829엔입니다. 이번 달에는 유방암 검진과 아버지의 날이 있었습니다. 이번 달 저금은 미리 저축한 돈 5만 엔, 아이 수당 8만 엔, 보험 3만 3,328엔, 생활비에서 남은 돈 829엔으로 합계 16만 4,157엔입니다. 올해 누계 58만 5,521엔인데 여름에는 생활비가 3만 엔 정도 늘어날 것으로 생각하고 있습니다. 바비큐가 많아지는 계절이니까….

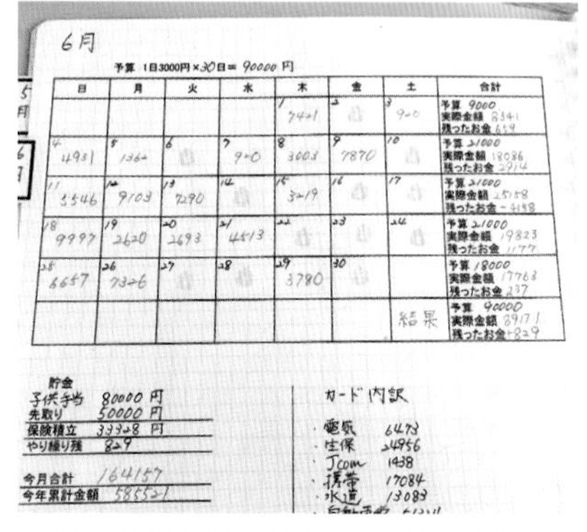

日	月	火	水	木	金	土	合計
				1 7441	2	3 900	予算 9000 実際金額 8341 残ったお金 659
4 4931	5 1362	6	7 920	8 3003	9 7870	10	予算 21000 実際金額 18086 残ったお金 2914
11 5546	12 9103	13 7290	14	15 3219	16	17	予算 21000 実際金額 25158 残ったお金 -4158
18 9997	19 2620	20 2693	21 4513	22	23	24	予算 21000 実際金額 19823 残ったお金 1177
25 6657	26 7326	27	28	29 3780	30		予算 18000 実際金額 17763 残ったお金 237
						結果	予算 90000 実際金額 89171 残ったお金 +829

엑셀로 만든 표에 지출 금액을 빨간색으로 기입했다.

2018년에 할 일, 하고 싶은 일

여태 그냥 하루하루를 보냈지만 정성스럽고 정다운 생활을 하고 싶어서 앞으로의 일을 생각해보았습니다! 현재 어렴풋이 생각하는 소원이라 어떻게 될지 모르겠지만 속마음을 들여다보며 적는 일에 의미가 있다고 느꼈어요. 특히 아이의 성장은 무를 수 없으니 지금 할 수 있는 일을 해주고 싶습니다!

일하는 어머니들은 퇴근을 하고서도 집안일이 끝날 때까지 긴장을 늦출 수 없습니다. 대신해줄 사람은 아무도 없으니 노력해야 해요! 회사 업무와 집안일, 육아의 병행. 가계 관리와 시간의 사용법을 고려합시다.

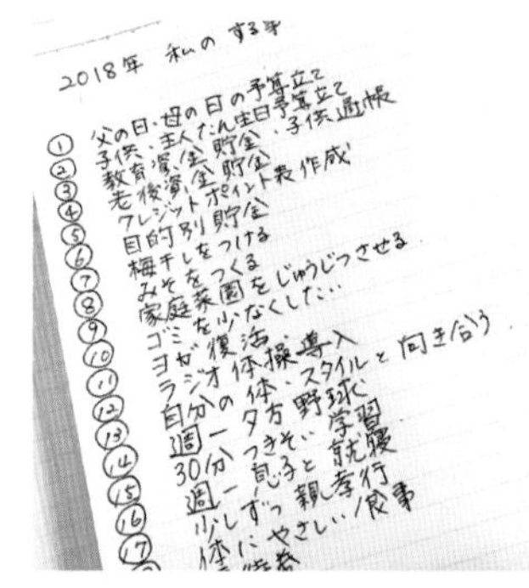

목표 및 예산 세우기, 온갖 기록은 노트와 메모를 활용하며 의욕을 높인다! [①어버이날 예산 짜기 ②아이와 남편 생일 예산 짜기 ③교육자금 저축, 아이 통장 만들기 ④노후자금 저축 ⑤신용 포인트 표 작성 ⑥목적별 저축 ⑦우메보시 담그기 ⑧된장 담그기 ⑨가정텃밭 가꾸기 ⑩쓰레기 줄이기 ⑪요가 ⑫라디오 체조 ⑬몸과 스타일 관리 ⑭주 1회 저녁야구 ⑮30분 아이 공부 봐주기 ⑯주 1회 아들과 취침 ⑰조금씩 부모님께 효도하기 ⑱몸에 좋은 식사 ⑲우대권.]

PROFILE

▶ 거주지/ 연령/ 직업/ 가족/ 취미

후쿠오카 시/ 32세/ 회사원/ 본인, 남편, 아들 9세, 딸 4세/ 특기는 청소. 취미는 가정텃밭 가꾸기와 제빵

▶ 좋아하는 집안일

청소기 돌리기. 바닥에 뒹구는 먼지와 머리카락을 싫어해서 일주일에 한 번은 물걸레 청소.

▶ 싫어하는 집안일

빨래 개기. 개자마자 그 옷을 입는 가족을 보면….

▶ 집안일에 관한 장점

아침에 일어나 커피 한 잔을 마시고 나면 한 번도 앉지 않고 그날의 집안일을 끝내는 것!

▶ 대충 하는 부분과 확실히 하는 부분

냉동식품(샤오롱바오, 냉동 시금치)이나 우엉샐러드, 명란감자샐러드 등은 대충 차릴 수 있는 반찬으로 매우 중요하다. 한편 가족의 생일이나 이벤트 때는 솜씨를 실컷 발휘해 가족을 사랑하는 마음을 요리 형태로 만들어낸다!

▶ 일상에서 느끼는 행복

식사시간에는 TV를 끄고 그날 있었던 일을 서로 이야기한다. 모두 함께 공유하면 가족의 유대가 돈독해진다.

▶ 일상에서 받는 스트레스와 해소법

현재 한창 육아중이다. '육아는 평생 계속되는 것이 아니니까 이렇게 고민하거나 걱정하는 일도 아이가 자라면 못하게 된다'라고 생각을 바꾸려고 한다.

▶ 자기계발을 위해 하는 일

쉽게 못한다고 단정하지 않고 못하는 분야에 대해 아낌없이 공부한다.

08

치구 타나

chigu tana

흰색을 바탕으로 한 심플한 살림살이가 이상적이다

'이케아'의 트레이 테이블. 사이드테이블로 딱 좋다.

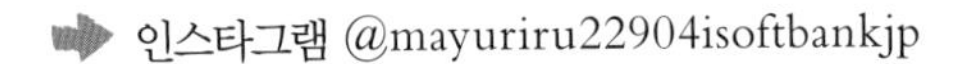

인스타그램 @mayuriru22904isoftbankjp

흰색을 바탕으로 한 모노톤의 심플한 집이 이상적이라고 생각합니다. 가구나 인테리어 잡화는 흰색 무지 제품을 선택했습니다. 똑같은 흰색이라도 소재의 질감을 잘 고려해서 선택하도록 늘 신중을 기합니다.

물건을 한데 모으는 것을 좋아해서 정해진 틀에 딱 맞게 수납할 수 있으면 기분이 상쾌합니다. 물건이 많은 것을 싫어해서 어질러져 있으면 짜증이 나서 아이들에게 화를 낼 것만 같아요. 그래서 정리는 날마다 꼭 하고 있지요. 하지만 청소기는 매일 돌리지 않아요. 테이프클리너로 먼지만 없애는 정도입니다. 단 주말에는 반드시 청소기를 돌려서 리셋하는 것이 저만의 규칙이랍니다.

가족이 많은데다 어린아이까지 있는데 잘 정리되어 있다고 칭찬받은 적이 있습니다. 풀타임으로 일하게 된 후로는 오히려 날마다 완벽하게 정리하려고 하지 않는 덕분에 직장일과 집안일을 병행할 수 있는지도 모르겠습니다.

저만의 시간을 보내도록 아침 일찍 일어나서 행동하고 있어요. 아침에 관엽식물에 물을 주는 것도 즐거움 중 하나랍니다.

위) 양털 러그는 라쿠텐 시장의 '슬립테일러'에서 구입한 것. 털도 빠지지 않아서 마음에 든다. 하나 더 구입하고 싶을 정도.
오른쪽) 방 한쪽 벽에 이케아의 선반 널을 설치해서 PC 공간을 만들었다. 서랍이 달린 흰색 벽 선반은 이케아 제품. 다리가 없어서 깔끔하다. '리프로덕트'의 세븐체어를 조합했다.

세면대 거울은 이케아 제품

임대한 집이 매우 협소해서 세면실이 어두운데 이케아의 세면대 거울과 수납장을 사용해서 공간을 만들어보았습니다.

세면대 거울 안쪽의 수납장에는 '캔두'의 코드클립(실리콘처럼 부드러운 소재로 양면테이프가 있음)을 칫솔 홀더로 활용했습니다. 전에는 칫솔을 컵에 꽂아두었는데 어떻게 해도 컵 바닥이 젖어서 때가 타기에 이렇게 바꿨습니다. 칫솔은 무인양품 제품입니다. 심플하고 이상적인 칫솔을 찾았습니다! 칫솔을 문에 단 덕분에 '이솝'의 구강세정제를 놓을 자리가 생겼습니다.

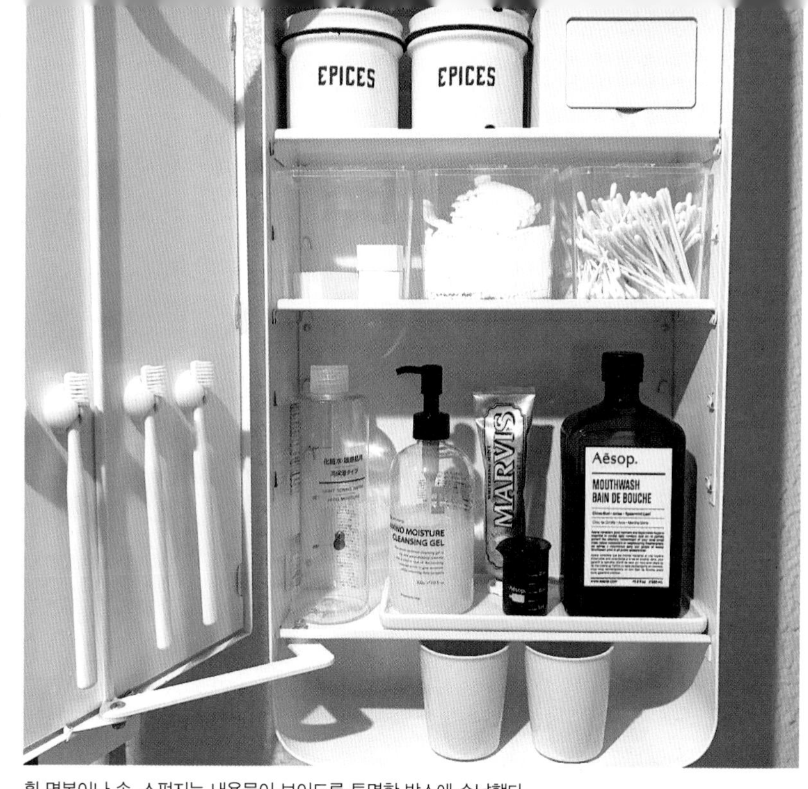

흰 면봉이나 솜, 스펀지는 내용물이 보이도록 투명한 박스에 수납했다.

왼쪽) 빨래 바구니는 '타워'의 바구니 두 개를 사용했다. 손빨래용과 일반 빨래용. 오른쪽) '사라사디자인'의 세제 용기는 액체가 흘러나오지 않아서 좋다. 속이 비치지 않는 무인양품의 서랍은 다른 장소에서도 애용하고 있다.

PROFILE

▶ 거주지/ 연령/ 직업/ 가족/ 취미
후쿠오카 현/ 파트타임/ 본인, 남편, 큰딸 20세, 둘째딸 18세, 큰아들 15세, 막내딸 6세/ 사진, DIY, 원예

▶ 좋아하는 집안일
청소, 수납 정리. 수납은 너무 자잘하게 분류하지 않고 한 번에 꺼낼 수 있도록 한다.

▶ 싫어하는 집안일
요리를 못한다. 레퍼토리가 적어서 응용을 잘 못한다.

▶ 집안일에 관한 좋은 쪽으로의 변화
짧은 시간에 할 수 있는 일을 날마다 한다.

▶ 일상에서 느끼는 행복
주말에 쉬는 날 취미인 DIY를 하거나 식물을 손질할 때.

▶ 일상에서 받는 스트레스와 해소법
일, 학교행사, 동네행사 등으로 휴일이 엉망이 되어 취미활동을 못했을 때. 평일이라도 하루 식사 준비를 땡땡이치고 취미생활을 하거나 친구와 점심을 먹는다.

▶ 바쁠 때의 아이디어
아이가 넷이나 있어서 일정이 겹치기도 하고, 동네 위원이라 시간여유가 없을 때가 있다. 집안일을 처리하지 못하면 짜증이 나므로 할 수 있는 일은 이른 아침에 끝내거나 상대방에게 볼일을 조정하게 한다. 친구나 이웃사람들에게 도움을 받기도 한다.

▶ 자기계발을 위해 하는 일
여러 가지 일에 도전해서 즉시 행동으로 옮긴다.

09

G.I
g.i

좋아하는 꽃과 그릇, 초를 사용해서 휴일의 식사를 더욱 즐겁게

토요일 아침은 식사를 즐긴다.

➡ 인스타그램 @george_industry

휴일에 식사를 근사하게 차려내는 걸 매우 좋아해요. 평일에는 풀타임으로 근무해서 비교적 아침 일찍부터 밤늦게까지 일하므로 식사를 대충 준비하지만 휴일에는 여러 가지로 즐기는 경우가 많습니다.

휴일의 아침식사는 어떤 접시를 사용할까 이것저것 생각하고 기대하며 요리합니다. 일을 잊고 지낼 수 있는 토요일 아침이 가장 좋습니다. 식사 준비는 좋아하기도 하고 싫어하기도 하는 집안일이에요.

생선회나 사 온 디저트 등은 식탁에 그대로 놓지 않고 반드시 접시에 옮겨 담아서 내놓습니다. 그것만으로도 기분이 조금 달라지거든요. 인스타그램을 통해서 북유럽 식기와 작가가 만든 식기에 빠졌습니다. 아이스크림도 와인 잔에 담거나 장식을 올리는 등의 방법을 연구하게 되었습니다. 이런 것을 사진으로 찍어서 포스팅하는 것도 즐거움 중 하나랍니다.

위) 커피베이글. 인스턴트커피와 우유로 만들었다. 시간과 수고가 들지 않는 레시피다.
오른쪽) 배치번스. 폭신하고 쫄깃해서 맛있었다.

새 조형물들을 세척

갑자기 의욕이 생겨서 새 조형물들을 세척한 토요일. 바닥에 구멍이 뚫려 있지만 물이 들어가지 않도록 주의해서 씻었어요.

그리고 오랜만에 선반 위치를 바꿨답니다. '리사 라슨' 제품을 모아놓은 코너. 몇 년 동안 부지런히 수집한 귀여운 아이들에 먼지가 쌓였기에 물로 씻어내고 선반도 닦았더니 반짝반짝해졌어요.

방에는 제가 원하고 선택한 것만 놓았기에 행복합니다.

새 조형물들을 세척했다. 좋아하는 물건만 놓은 선반이다.

포도빵으로 간단한 간식

'로하코' 쇼핑사이트에 올라온 레시피로 간식을 만들었어요. 포도빵을 버터와 설탕, 시나몬으로 볶은 뒤 토스터에 넣어 구운 다음 열을 식히고 아이스크림에 섞기만 했습니다. 빵이 바삭바삭해서 맛있었어요. 유리컵은 '이탈라'의 '카르티오'. 가을빛 색상을 고른 것이 정답이었네요.

간단하지만 맛있는 간식.

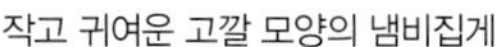

작고 귀여운 고깔 모양의 냄비집게

고깔 냄비집게를 직접 만들었다

작은 스토브용 냄비에 맞는 고깔 집게를 만들었습니다. 작아서 대굴대굴 구르는 모습이 꽤 귀엽지만 초보자가 만들어서 모양이 다 달라요. 벌써 70개 정도는 만들었지요. 장식품으로 만든 미니 사이즈도 엄청 귀여워요.

솜을 뜯어서 형태를 만든 뒤에 꿰매야 가장 폭신폭신해져요. 우리 집에 있는 바늘은 머리 부분에 틈이 있어서 실을 구멍에 꿰지 않아도 위에서 밀어 넣으면 구멍에 딱 들어가게 되어 있어서 매우 편하답니다.

PROFILE

▶ 거주지/ 연령/ 직업/ 가족/ 취미
에히메/ 40대/ 회사원/ 남편/ 사진

▶ 좋아하는 집안일
휴일의 식사 준비

▶ 싫어하는 집안일
평일 귀가한 후 식사 준비

▶ 집안일에 관한 좋은 쪽으로의 변화
최근 직장이 바뀌면서 빨리 출근하고 늦게 퇴근하기 때문에 무리하지 않고 시판 반찬이나 인스턴트, 식재료 세트 등도 이용한다. 집안일을 싫어하게 되고 싶지 않아서 분발하려고 한다.

▶ 대충 하는 부분과 확실히 하는 부분
욕실 청소는 싫어하는 집안일에 들어가지만, 매달 며칠과 며칠에 한다고 정해서 반드시 한다. 더러워지기 전에, 힘들지 않게 할 수 있는 횟수로 나만의 규칙을 정했다.

▶ 일상에서 느끼는 소소한 즐거움
인스타그램에 포스팅할 사진을 찍는다.

▶ 일상에서 받는 스트레스와 해소법
일이나 직장에서의 인간관계랄까? 노력했을 때나 극복했을 때는 포상으로 쇼핑을 하곤 한다. 또 열중할 수 있어서 가끔씩 재봉을 한다.

▶ 바쁠 때의 아이디어
늦게 귀가한 후 식사를 차리고 정리하는 일은 짜증이 나는 경우도 많다. 피곤할 때는 빨리 잠을 자도록 한다.

▶ 자기계발을 위해 하는 일
작년에 염원하던 보통 자동 이륜 면허를 땄다.

10

이치고
ichigo

15분 청소로 온 집 안을 구석구석 청소!

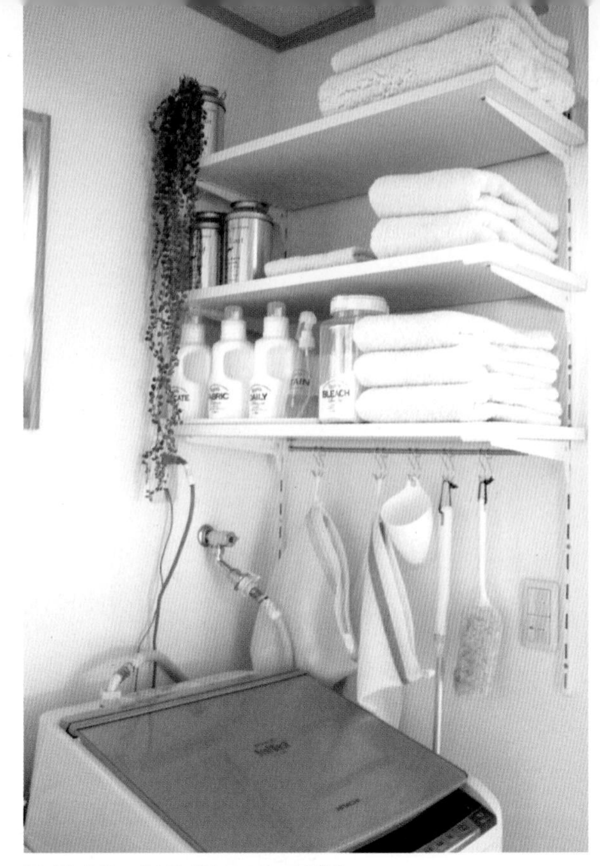
'무리하지 않고 계속하기'를 모토로 15분 청소.

인스타그램 @pokapokaichigo
따뜻한 날씨ぽかぽか日和
http://pokapoka-biyori.blog.jp/

인테리어와 수납을 생각하는 일을 매우 좋아합니다. 2013년 10월에 3층짜리 작은 집을 완공해서 안락한 생활을 지향하며 남편과 둘이 이러쿵저러쿵 지내고 있어요.

세면실은 흰색으로 통일해서 마음에 드는 장소가 되었습니다. 목욕수건도 흰색, 세제 용기도 흰색과 은색으로 통일했고, 눈길을 끌기 위해 인조 식물을 늘어뜨렸어요. 청결한 느낌을 줘서 깨끗하다고 칭찬받았답니다.

청소는 지나치게 해서 질리지 않도록, 절대로 무리하지 않습니다. '15분 청소'로 매주, 매달, 3개월에 한 번, 6개월마다, 1년마다 등으로 청소 항목을 나름대로 정해서 구석구석 골고루 깨끗함을 유지합니다.

때가 타지 않게 그때마다 하는 집안일(주방 청소 등)과 한 번 날을 잡아 하는 집안일(비품 관리 등)을 나눕니다. 조금 어린애 같아 보이지만 청소표를 작성해서 스탬프를 찍으며 즐겁게 청소하는 방법을 연구합니다.

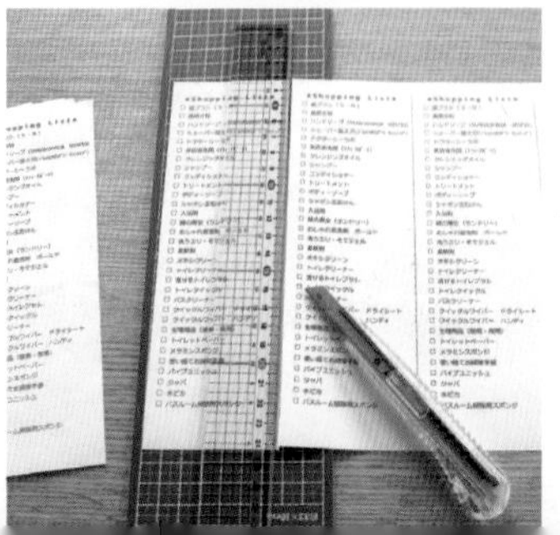
청소표를 작성해서 스탬프를 찍으며 즐겁게 하는 방법을 연구한다.

동선을 고려한 아일랜드 주방

집을 지을 때 센티미터 단위까지 고집을 부려 카운터를 조금 높여서 각종 양념과 향신료를 보관할 수 있는 '스파이스 니치'를 만들었습니다. 비행기 조종석처럼 주방을 진두지휘할 수 있는 콕핏형 주방입니다. 신중히 생각한 끝에 고른 흰색 주방이라 주방 청소를 가장 좋아합니다. 청소하면서 주방을 좀 더 쉽게 이용할 수 있는 방법을 고민하지요.

아일랜드 주방은 좁은 거실에 어울리지 않지만 테이블도 옆으로 놓아서 식사 준비며 설거지 동선도 좋고 남편과 둘이 함께 요리하기 편하답니다. 카운터 위에 가능하면 물건을 놓지 않는 것이 포인트예요. 우편물 등 쓸데없는 물건을 무심코 놓기 쉬워서 조심하고 있습니다.

왼쪽) 고집을 부려 만든 '스파이스 니치'.
오른쪽) 요리하기 편한 아일랜드 주방이다.

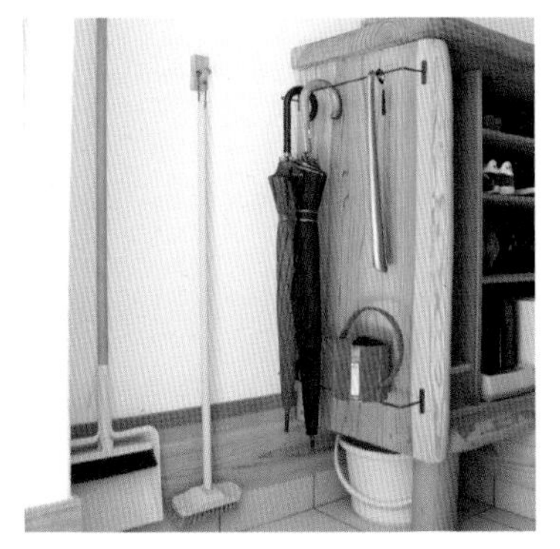

청소할 때 느끼던 사소한 스트레스가 사라졌다.

물건이 바닥에 닿지 않게 해서 쉽게 청소할 수 있다

바깥에 놓았던 양동이와 덱 브러시를 현관에 놓게 되자 청소할 때마다 우산꽂이를 옮기는 것이 귀찮아지기 시작했어요. 그래서 100엔숍에서 철제 바를 구입하여 우산과 물뿌리개를 바닥에서 띄웠습니다. 또 무인양품의 '벽에 붙일 수 있는 가구걸이'를 사용해서 빗자루와 덱 브러시도 걸었습니다. 바닥에 놓았던 대부분의 물건을 위에 걸어서 청소하기 쉬워졌어요.

수납 개선을 통해 평소보다 넓게 느껴져서 만족도가 꽤 높습니다.

PROFILE

▶ 거주지/ 연령/ 직업/ 가족/ 취미
오사카/ 30대/ 전업주부(한 달에 며칠 근무)/ 본인과 남편/ 한 달에 한 번 남편과 맛있는 점심식사, 그릇 수집(도기 시장이나 작가전), 집에서 요가

▶ 좋아하는 집안일
엑셀로 가계부 작성하기, 주방 청소

▶ 싫어하는 집안일
청소. 신경을 쓰기 시작하면 밑도 끝도 없어서 청소가 끝나지 않는다. 게다가 말하지 않으면 남편이 몰라주니까.

▶ 집안일에 관한 좋은 쪽으로의 변화
로봇청소기를 선물받은 후로 바닥에 물건을 놓지 않게 되었다.

▶ 대충 하는 부분
와이셔츠 세탁, 높은 곳 청소, 바깥 청소는 남편 몫. 주말의 식사는 대충 때우곤 한다.

▶ 확실히 하는 부분
'15분 청소'를 도입해서 온 집 안을 빠짐없이 청소한다.

▶ 일상에서 느끼는 소소한 즐거움
홍차를 좋아해서 맛있는 플레이버 티를 늘 두세 종류씩 상비한다.

▶ 일상에서 느끼는 행복
주말에 남편과 주방에서 함께 요리할 때.

▶ 일상에서 받는 스트레스와 해소법
남편과 소통이 잘되지 않을 때, 일찌감치 서로 대화해서 해결한다.

▶ 자기계발을 위해 하는 일
날마다 수첩을 펴서 그날 최소한으로 할 일을 확인한다. 운동부족이 되기 쉬워서 요가를 계속한다.

11

에리카

えりか

우리 가족의 생활은 우리가 직접 정한다

인스타그램 @penta_room

식탁을 낮은 테이블로 했다. 어린아이라도 혼자서 의자에 앉을 수 있다.

되도록 '이것 해야 해!' 하고 정하지 않으려고 합니다. '오늘은 시간이 있으니 이걸 하자' 하는 수준으로 하고 있지요. 바닥 걸레질은 일주일에 한 번 정도, 청소기는 매일 돌리고 싶지만 어려우면 다음 날 합니다. 현관은 모래가 쌓였다고 생각되면 청소해요. 이 정도의 느슨함이 저에게 딱 맞습니다.

그래도 확실히 하는 일은 있습니다. 주방 개수대의 음식물분쇄기 청소(매일 밤), 세면대 청소와 거울 닦기(매일 아침), 목욕 후 거울 및 스테인리스 부분의 물방울 닦기 등입니다. 저는 성격이 대범한 탓에 모든 일을 완벽하게 할 수 없어요. 귀찮으면 집안일과 관련된 건 포기할 때도 있습니다. 그래도 지저분한 방을 보고 '이래서는 안 돼!' 하며 청소나 수납을 다시 살피기도 해요.

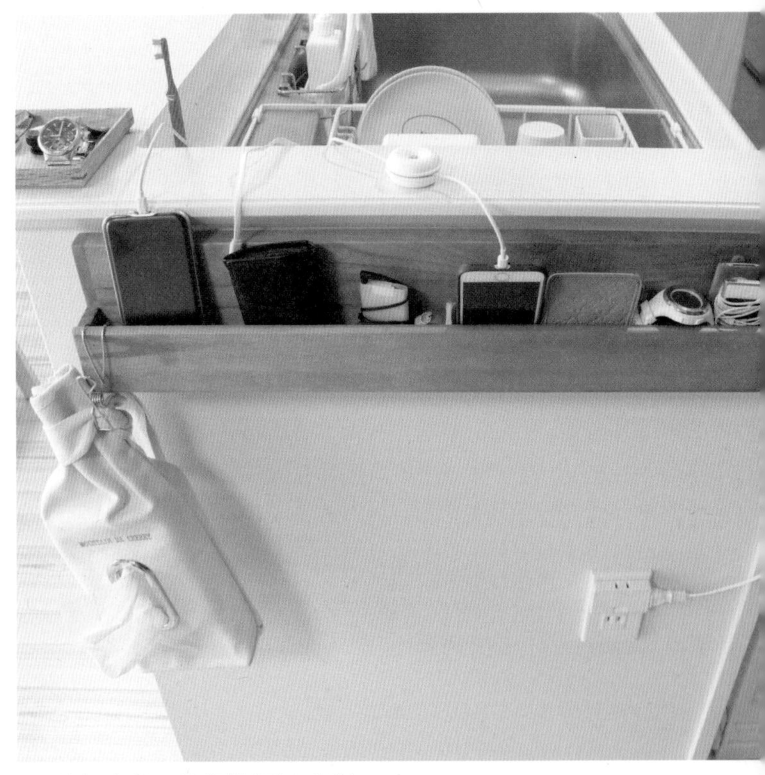

소품 임시보관 장소 & 휴대전화 충전 스테이션.

자주 쓰는 물건을 한곳에 정리했다

주방 카운터 밑에는 무인양품의 스태킹 서랍을 놓았습니다. 문구 등 거실에서 자주 쓰는 물건을 수납했어요.

무인양품의 '폴리프로필렌 데스크 내부 정리 트레이'가 딱 맞더라고요.

1단에는 문구, 2단에는 어린이집에서 보낸 소식지와 연락장, 3단에는 임시보관하는 홍보물, 4단엔 모자수첩 세트와 예방접종 자료를 넣었습니다.

위) 주방 카운터 아래쪽에 자주 쓰는 물건을 둔다.
왼쪽 위) 무인양품의 트레이에 문구류를 정리했다. 오른쪽 위) 어린이집 소식지.
왼쪽 아래) 임시보관하는 홍보물. 오른쪽 아래) 모자수첩이나 예방접종 등의 자료.

PROFILE

▶ 거주지/ 직업/ 가족/ 취미
도쿄/ 회사원/ 본인, 남편, 아들 4세, 딸 2세/ 가구 위치 바꾸기

▶ 집에 대해 중시한 점
거실 창문이 크고 빛이 많이 들어오는 곳을 좋아한다.

▶ 이상적인 주거
가족이 '집에 가고 싶다'고 느낄 수 있는 집으로 만들고 싶다.

▶ 음식에 관한 고집
밥+국+메인 요리+서브 요리. 이 네 종류를 만든다. 최소한 이것이 갖춰지면 괜찮은 식사라고 생각한다.

▶ 식단은 어떻게 정하는가?
일주일치 식단을 토요일 저녁이나 일요일 아침에 결정해서 그것을 바탕으로 일주일치 식재료를 구입하러 간다.

▶ 대충 하는 부분
시판 소스가 있으면 망설이지 않고 사용한다. 요리를 잘하거나 좋아하면 기초부터 제대로 만들겠지만 나는 요리에 비중을 두지 않아서… 인스턴트를 사용해도 맛있고 남편이나 아이들도 많이 먹으므로 시판 소스를 사용하는 것이 나쁘다고 생각하지 않는다.

▶ 일상에서 느끼는 소소한 즐거움과 아이디어
최근 '마이 노트'를 작성하기 시작했다. 생각한 것을 적어놓는 것만으로도 머릿속의 답답함이 말끔히 사라지고, 기록으로 남길 수 있는 점이 좋다.

빈방을 정리했다

에미 씨의 《철제 선반의 대단한 수납スチールラックのすごい収納》을 참고해서 워크인 클로짓walk-in closet과 비슷하게 만들었습니다. 앞에서부터 아빠, 어머니, 온 가족의 겨울옷이랍니다.

여러 종류의 선반과 받침대가 있는데, 저는 '금속 선반'을 택했습니다. 이동할 수 있고 내하중이 뛰어나며 응용할 수 있다는 점이 좋아요.

여러 가지로 응용할 수 있는 철제 선반. 아빠영역 상단은 평일 회사용, 하단은 휴일용. 사이드는 벨트와 가방. 엄마영역 상단은 상의, 서랍에 양말과 속옷, 하단은 하의와 가방. 온 가족의 겨울옷영역 상단은 어른용, 하단은 아이용.

돈 관리는 모색중

우리 집은 맞벌이를 하는데 남편에게 생활비를 받아서 식비, 일용품비, 외식비, 세탁비로 이용합니다. 남편이 자신의 휴대전화나 보험, 대출금, 회사 점심 및 음료비를 직접 관리해요. 저도 휴대전화와 보험, 보육료는 제 월급에서 내고 있고, 나머지는 각자 알아서 합니다.

휴일은 오전에 장을 보고 식재료를 준비하며, 오후에는 빨래 개기, 장난감 정리, 베란다 청소, 화장실 청소도 해야 합니다. 이럴 때 '전업주부가 되고 싶어!'라고 생각해요. 하지만 좋아하는 물건을 사고 싶으면 직접 돈을 벌 수밖에 없어요! 초조해하지 않고 유유자적하며 편하게 생활할 수 있는 집을 만들고 싶습니다. 직장일은 확실히, 집안일은 적당히. 가족이 최고예요!

시간단축 근무를 하고 있다. 무리하지 않고 적당히 생활을 꾸려가고 싶다.

위) 아들의 첫 설거지.
아래) 식재료는 늘 일주일 분량을 준비해둔다. 채소를 썰기만 한 것도 있는가 하면 양념해서 냉동한 것도 있다.

네 살짜리 아이의 첫 설거지

네 살짜리 아들이 처음으로 설거지한 날에 찍은 사진입니다. 일단 깨지지 않는 그릇으로 서너 개 정도만(또는 자신의 그릇만) 씻었어요! 이것만으로도 충분해요! 깨끗하게 씻었답니다.

어린이집이나 회사에서 돌아오면 분주해지므로 최대한 저녁 준비를 간소화하기 위해 저녁식사를 아침에 할 수 있는 데까지 준비해놓습니다(주말에는 미리 만들어놓은 반찬을 이용해요). 미리 할 수 있는 날과 못하는 날이 있는데, 못하더라도 그러려니 합니다.

위) 장난감 수납은 그림을 붙여 라벨링.
아래) 아이용 공간.

방의 수납장을 개조했다

방의 수납장을 조금 개조했습니다. 벽장문을 떼어 빈방에 보관하고 주방 카운터 밑에 놓은 것과 같은 스태킹 서랍을 사용해서 장난감을 수납했어요. 그러고 보니 무인양품 제품이 많아졌네요.

아이의 장난감은 '대충 던져 넣기'를 모토로 합니다. 하지만 무엇이 어디에 있는지 알 수 있게 그림을 붙여서 라벨로 구분합니다.

퍼즐 수납은 100엔숍의 케이스를 이용했고, 그림책은 무인양품의 하프박스를 세워서 칸막이 대신 사용했습니다.

12

하나다 도모아
花田朋亞

집을 리셋하면 기분까지 전환된다

인스타그램 @tomoa.jp

아이가 생긴 후에도 부부 둘이서 생활하던 시절의 집안일 페이스를 목표로 했더니 스트레스만 쌓였어요. 그래서 어깨의 힘을 빼고 수준을 낮추기로 했습니다. 가족이 모두 참여하게 했더니 전보다 집안일이 잘 돌아가게 되었습니다.

너무 노력하지 말 것. 생각날 때 조금씩 하고 할 수 있는 일만 할 것. 대충 해도 되는 부분은 대충 할 것을 모토로 삼고 있습니다.

주방이나 거실을 청소해서 리셋하는 것을 좋아해요. 그래서 바쁘거나 마음이 울적할 때 리셋한답니다! 집을 리셋하면 기분전환까지 된다는 것을 깨달았거든요.

주방 스펀지를 버리기 전에 식기용 세제를 묻혀 주방 전체를 공들여서 박박 문지릅니다. 거품은 빨아 쓰는 행주로 몇 번에 걸쳐 닦아냅니다. 날마다 생기는 오염은 세스퀴와 행주를 이용해서 간단히 해결하는데, 가끔씩 싹싹 문질러주면 기분이 좋아요.

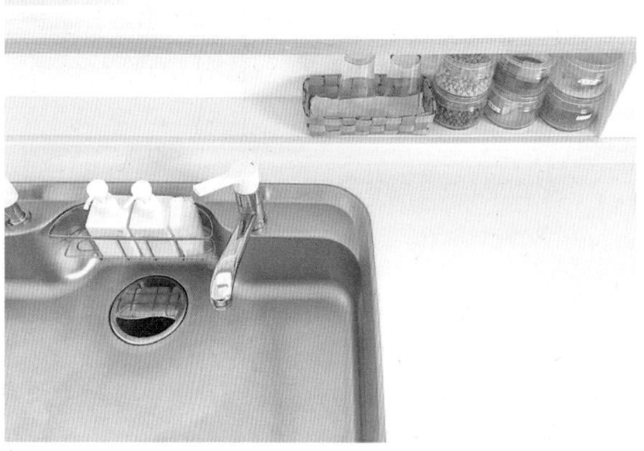

위) 냉장고 위의 마 바구니에는 쌀 저장 용기가 들어 있다.
중간) 주방 전체를 식기용 세제로 공들여서 박박 닦았다.
아래) 포갤 수 있는 투명 용기를 쓰면 양념이 얼마나 남았는지 파악할 수 있다. 주방세제는 깔끔해 보이도록 무인양품 용기에 넣었다.

아이의 옷은 TV 밑 선반에 넣는다

아이가 하루가 멀다 하고 옷을 더럽혀서 아이 옷 수납 장소를 TV 밑으로 바꿨습니다. 목욕 후에도 그대로 거실에서 옷을 입힙니다. 위치가 낮아서 아들도 꺼내기 쉬워 보여요. 대충 개서 넣는데 제 주특기인 대충대충 수납이랍니다. 바구니를 사용해서 네 종류로 나눕니다.

적은 물건으로 풍요롭게 살고 싶습니다. 그러기 위해서 제가 좋아하는 물건이나 취향, 라이프 스타일을 스스로 파악하고 그에 맞지 않는 물건은 집에 들여놓지 않도록 합니다.

방이 좁은 우리 집은 조금이라도 넓게 사용할 수 있게 가능한 한 물건을 바닥에 놓지 않도록 주의하는데, 덕분에 바닥 청소가 매우 편해요.

TV 받침대 밑에 아이의 옷. 아이도 꺼내기 쉽다.

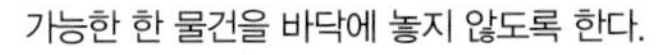

가능한 한 물건을 바닥에 놓지 않도록 한다.

PROFILE

▶ 거주지/ 연령/ 직업/ 가족/ 취미

이와테 현 모리오카 시/ 29세/ 접객업/ 본인, 남편, 아들 2세/ 독서, 산책

▶ 좋아하는 집안일

요리

▶ 집안일에 관한 좋은 쪽으로의 변화

생각났을 때 즉시 한다. 되도록 나중으로 미루지 않는다. 집안일이 정체될 듯하면 일찌감치 대응한다.

▶ 대충 하는 부분과 확실히 하는 부분

정리의 편의성을 중시하므로 상자 속까지 정리해서 수납하지는 않고 대충 하지만, 물건의 위치는 확실히 정한다.

▶ 일상에서 느끼는 소소한 즐거움

아침의 커피타임. 이 시간이 있으면 아침부터 기분이 좋아진다.

▶ 일상에서 느끼는 행복

가족의 얼굴에 웃음이 넘칠 때 행복을 느낀다. 이를 위해서는 내 마음에 여유가 있어야 하므로 스트레스가 쌓이지 않도록 무리하지 않는다.

▶ 일상에서 받는 스트레스와 해소법

집안일이 정체되면 스트레스를 받으므로 집안일 정체 조짐이 보이는 단계에서 처리한다.

▶ 바쁠 때의 아이디어

아들이 태어난 뒤로는 늘 시간이 부족해서 바쁘게 느껴진다. 다음 날 내가 조금이라도 편해지도록 집안일을 미리 해놓으려 한다.

13

나미

nami

짝수 달은 환기팬을 청소한다

인스타그램 @ume._.home

옥시크린을 사용해서 정기적으로 청소한다.

말끔해진 개수대.

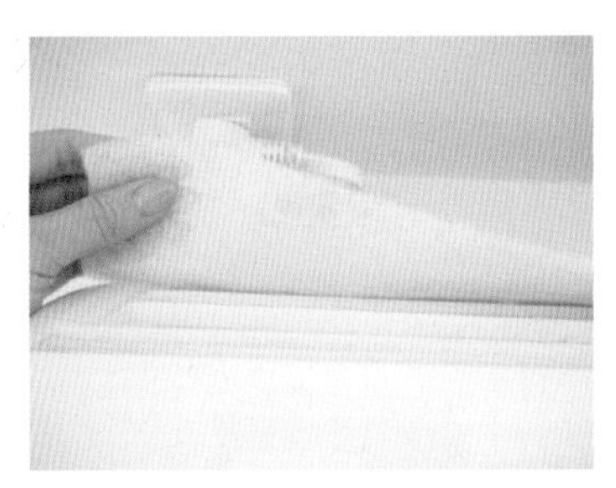
에어컨 위에는 초미세먼지도 차단할 수 있는 두꺼운 필터를 사용했다.

'아우로' 바닥 왁스 시트. 간편해서 물티슈 대신 사용한다.

짝수 달의 관례인 환기팬 청소를 했습니다. 튀김을 많이 만든 탓에 평소보다 더 지저분했어요. 환기팬에는 두꺼운 필터를 사용합니다. 2개월을 사용해도 끈적거리지 않아서 간단히 닦기만 해도 괜찮지만, 때를 남기고 싶지 않아서 팬은 매번 옥시크린을 푼 물에 담가놓습니다. 옥시크린은 전용 스푼으로 약간 적게 세 스푼을 넣었습니다. 그다음에는 수압으로 불려서 방치, 그 후 흐르는 물로 씻어내 가볍게 닦아서 장착하면 끝입니다. 칠칠치 못한 성격인지라 이 부분은 적당히 합니다. 왠지 모르게 기름 악취가 느껴져서 환기팬 청소를 정기적으로 하게 되었는데 끝난 후 성취감이 있어서 좋아요.

그리고 가습 공기청정기는 제취 효과가 있다고 하는 구연산에 담가놓았다가 세척합니다.

연말 대청소를 싫어해서 여러 부분을 정기적으로 청소합니다. 정기적인 청소는 어머니가 하던 걸 보고 따라 하게 되었습니다.

아이들이 정리하기 쉬운 공간으로 만들고 싶다.

온 가족이 편안함을 느끼는 공간으로 만들기 위해서

아이들이 정리를 하지 않을 때는 마법의 말을 사용하거나 정리 게임을 한답니다. "누가 가장 잘 치울까? 준비, 시작!" 이런 느낌이에요. 아이들이 정리하기 쉬운 공간으로 만들고 싶습니다.

또한 온 가족이 편안함을 느끼는 공간으로 만들기 위해서 인테리어는 전체적으로 통일된 느낌을 주도록 신경 썼고, 계절 꽃으로 장식하는 것도 즐깁니다.

계절 꽃이나 식물로 장식했다.

PROFILE

▶ 거주지/ 연령/ 직업/ 가족/ 취미

아이치 현/ 30대/ 회사원/ 본인, 남편, 딸 3세, 아들 2세/ 여행, 꽃꽂이

▶ 좋아하는 집안일

환기팬 청소(짝수 달이 환기팬을 청소하는 달), 식사 준비

▶ 싫어하는 집안일

높은 곳, 보이지 않는 곳 청소

▶ 집안일에 관한 장점

동시진행 청소. TV를 보면서, 목욕하면서, 세제를 푼 물에 담가놓았다가 청소할 때가 많다.

▶ 대충 하는 부분과 확실히 하는 부분

기본은 대충대충. 하지만 날마다 하면 안 하는 것보다는 깨끗해진다. 청소를 정기적으로 하면 때가 쌓이지 않아서 청소시간이 단축된다.

▶ 일상에서 느끼는 소소한 즐거움

나만의 시간을 만든다. 가족의 생일 같은 이벤트는 소중하게 생각한다!

▶ 일상에서 느끼는 행복

아이들의 웃음. 아무리 바빠도 아이들과의 스킨십을 중요시한다. 식사하거나 잠을 재울 때 그날 하루 있었던 일을 물어본다.

▶ 자기계발을 위해 하는 일

어머니라는 이유로 포기하지 않고 여성으로서의 시간을 내려고 한다. 미용을 하거나 좋아하는 일(리스 만들기 등)을 하면 기분전환도 된다. 가족도 그 점을 이해해줘서 고맙다.

14

아린코
arinko

계절마다 옷을 바꾸지 않는 의류 수납

인스타그램 @arinkomei

'새로 사서 보충하기보다 교체'를 기본으로 한다.

지금의 집으로 이사한 후 넘쳐나는 의류를 보고 새삼 깜짝 놀랐습니다. 그 후 2년에 걸쳐 옷을 정리하면서 기분도 정리되었고, 계절마다 옷을 바꾸는 일 없는 의류 수납이 겨우 자리를 잡았습니다. 의류의 현재 상태를 파악해서 '너무 많이 보관하지 않는다', '늘리지 않는다', '새로 사서 보충하기보다 교체한다'가 기본이 되었어요.

빨래가 마르면 그 상태로 옷장에 넣을 수 있도록 옷걸이를 통일했습니다. 대부분을 '옷걸이 수납'으로 바꿔서 옷을 개야 하는 번거로움에서 해방되었지요. '니토리'에서 구입한 10개 세트의 흰색 옷걸이로 통일했더니 깔끔해져서 빨래하는 것도 좋아졌답니다.

남편의 옷은 밑에 있는 무인양품 케이스에 보관하는데 왼쪽에는 여름옷, 오른쪽에는 겨울옷을 넣어서 계절마다 옷을 바꾸지 않아도 됩니다. 남편은 한 번만 입은 청바지 등은 빨지 않기 때문에 라탄 바구니에 넣게 하고 있어요.

오른쪽) 딸의 옷장도 기본은 '옷걸이 수납'.
아래) 니토리의 흰색 옷걸이로 통일했다.

현관도 심플하게

최근에는 심플함이 좋아져서 현관도 깔끔하게 정리했습니다. 선물받은 바구니를 매우 좋아해요. 이 안에 남편의 신발 용품이나 제 선글라스, 전동자동차 배터리 등을 임시보관합니다.

우리 집은 주택을 지어서 판매할 때 보여주는 모델하우스였어요. 처음에 거실은 바다의 감성이 느껴졌는데 북유럽 인테리어로 조금씩 바꿨답니다(웃음).

슈즈를 보관하는 벽장의 선반은 세스퀴를 뿌려서 청소합니다. 여기에 소형 자전거 '스트라이다'도 보관합니다.

현관의 바구니에 자주 쓰는 물건을 임시보관한다.

1평 정도 되는 슈즈 인 클로짓이다. 여기에 아이용 자전거도 보관한다.

PROFILE

▶ 거주지/ 연령/ 직업/ 가족/ 취미

간사이 지방/ 30대/ 전업주부/ 본인, 남편, 딸 4세/ 생활 정비하기

▶ 좋아하는 집안일

빨래. 깨끗해진 옷을 말려서 원래대로 되돌리는 루틴이 기분 좋다!

▶ 싫어하는 집안일

욕실 청소

▶ 청소에 대한 자신만의 규칙

매일 청소하며 때가 신경 쓰이는 부분은 그때마다 청소한다. 보고도 못 본 척하지 않고 잔뜩 쌓아두지 않도록 한다.

▶ 대충 하는 부분과 확실히 하는 부분

요리는 그저 그래서 되도록 짧은 시간에 쉽게 하려고 냉동해놓은 식재료(다진 채소 등)를 적당히 사용한다! 반면 청소를 게을리 한 적은 지금의 집에 살기 시작한 후로 한 번도 없었다. 아무리 집에서 일찍 나가는 날이라도 일어나는 시간을 앞당겨서 청소한다! 그렇게 하지 않으면 기분 좋게 집을 나설 수 없다!

▶ 집안일에 대해서 칭찬받은 부분

늘 깨끗하게 지낸다는 말을 듣는데, 물건이 적어서 그렇게 보일 수도 있다. 실제로 친구가 오기 전에 대대적으로 청소하는 일은 딱히 없다(웃음).

▶ 일상에서 느끼는 소소한 즐거움

모닝커피와 밤의 혼자만의 시간.

▶ 일상에서 느끼는 행복

딸의 성장. 지금의 딸은 지금밖에 볼 수 없으므로 사진을 많이 찍으려고 한다.

15

히카리
光

좋아하는 주방과 욕실에 때가 타지 않도록 신경 쓴다

➡ 인스타그램 @hi_t0704

청소 후. 산뜻, 깔끔해졌다!

청소 전. 사실은 게으름을 피우고 싶었지만 무거운 몸을 일으켜(웃음) 오늘밖에 못한다고 굳게 믿으며 열심히 치웠다.

좋아하는 세면실.

화장실도 평소보다 공들였다.

우리 가족은 시아버지가 지은 2세대 주택에 살고 있습니다. 작년에 주방 및 욕실, 벽지 등을 리폼했는데 세면대와 주방을 새로 만들자고 고집했어요. 그것만으로도 주방에 서는 일이 즐거워졌답니다.

눈에 띈 때는 나중으로 미루지 않고 그 즉시 닦는 것이 저만의 규칙입니다. 신경 쓰이는 부분에 아침에 몇 분 동안 청소기를 돌리기만 해도 기분이 상쾌해지지요. 하지만 피곤할 때나 마음이 내키지 않을 때는 조금 어질러져 있어도 신경 쓰지 않고 쉬기로 했습니다.

오늘은 주방 및 욕실 청소를 평소보다 공들여서 했습니다. 환기팬이나 화장실, 세밀한 부분도 평소보다 시간을 들였어요. 세면대와 바닥 걸레질, 먼지 털기, 거울 닦기, 배수구 청소까지 꼼꼼하게 했습니다.

식기를 최소화했다

식기수납장을 정리 정돈했습니다. 귀찮지만 전부 꺼내서 고민했지요. 쓸 수 있지만 별로 안 쓰는 식기가 많았습니다. 버리려니 용기가 필요해서, 괜한 낭비를 했다고 반성했어요. 다시는 100엔숍에서 사지 않을 겁니다. 다음에 식기를 살 때는 좋아하는 '폴리시 포터리'를 살 거예요!

비싸도 좋아하는 브랜드의 식기를 모아 소중히 사용하고 싶다는 마음이 커졌답니다.

위) 전부 꺼내서 정리 정돈했다.
왼쪽 위) 다시는 100엔숍에서 사지 않겠다.
왼쪽 아래) 선반이 깔끔해졌다.

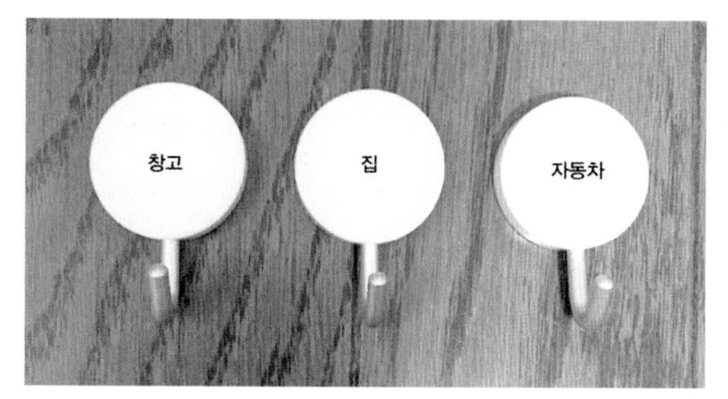

열쇠를 찾아 헤매는 일이 없어졌다.

열쇠 보관용 걸이를 만들었다

얼마 전에 창고 열쇠가 없어져 소동이 일어났습니다. 온 가족이 창고를 사용하는 터라 누가 열쇠를 쓰고 나서 갖고 있어도 이상하지 않았는데, 평소 보관하는 바구니에 되돌려놓지 않은 범인은 남편이었습니다. 여태까지는 열쇠를 모두 한 바구니에 넣어놨는데 찾기도 힘들고 없어져도 알 수가 없어서, 이번 기회에 각각의 열쇠를 걸어둘 장소를 만들었습니다. 열쇠걸이에 자석을 붙여서 문 옆에 붙였습니다. 이렇게 한 덕분에 없어지면 즉시 알 수 있겠지요?

PROFILE

▶ 거주지/ 연령/ 직업/ 가족/ 취미

홋카이도/ 30대 후반/ 파트타임/ 본인, 남편, 큰딸 10세, 작은딸 7세, 아들 4세. 상하 완전분리 2세대 주택에 시부모님도 함께 거주/ 취미는 캠핑, 음악 청취, 드라마 시청, 정리 정돈

▶ 좋아하는 집안일

정리 정돈. 누구나 알기 쉽게 정리해 수납하기란 쉽지 않지만 시행착오를 겪으며 생각하는 일이 즐겁다.

▶ 싫어하는 집안일

빨래 개기, 다림질, 욕실 청소

▶ 청소에 대한 자신만의 규칙

사소한 일이라도 날마다 한다. 신경이 쓰일 때는 즉시 한다. 당연하지만, 꺼내면 제자리에 넣는다. 청소기는 꼼꼼하게 돌린다. 청소와 집안일을 동시 진행한다.

▶ 일상에서 느끼는 행복

맛있는 음식을 먹을 때. 아이에게 그림책을 읽어줄 때. 온 가족이 함께 외출할 때. 세 자녀가 사이좋게 노는 모습을 볼 때. 좋아하는 물건을 샀을 때.

▶ 일상에서 받는 스트레스와 해소법

나만의 시간을 갖지 못하는 날이 이어질 때. 육아가 마음대로 되지 않을 때. 가끔은 혼자만의 시간을 갖고 음악을 듣거나 불필요한 물건을 과감하게 버린다.

▶ 바쁠 때의 아이디어

날마다 바빠서 시간이 부족하다고 느낀다. 아이→집안일→자신으로 우선순위를 매긴다. 못하는 일이 있어도 스스로를 비난하지 않는다.

16

야마오카 마나미

山岡眞奈美

집 정리는 마음과 생활을 정리하는 것

➡ 인스타그램 @manakirara22

때 탄 부분이 보이면 재빨리 깨끗하게 닦는다.

수명이 다 된 속옷과 양말들. 청소용 걸레로 또 한 번 활약한다.

세면실과 욕실의 소품을 산소계 표백제 옥시크린을 풀어놓은 물에 담근다. 깨끗하게 헹궈서 건조시킨다.

정리 및 청소를 좋아합니다. 생활하는 곳을 정리하면 생활 전체가 잘 돌아가는 것처럼 느껴집니다. 육아에 쫓겼을 때 집을 정리했더니 기분 좋게 육아를 할 수 있게 되더군요.

가능하면 때를 묵히지 않고 생각날 때 재빨리 처리하는 습관을 들였습니다. 자신이 무리 없이 할 수 있는 방법을 찾아서 적당히, 유연하게 변화시키는 게 딱 좋지 않나요?

날마다 부지런히 반복하다보면 저절로 변화하게 됩니다. 잠자기 전과 아침의 리셋 작업은 절대 빠뜨릴 수 없습니다. 빨지 않은 수건이나 오래 입은 속옷, 옷, 양말 등은 싹둑싹둑 작게 잘라서 청소용 걸레로 마지막에 한 번 더 활약하게 합니다. 이곳저곳 닦을 수 있어요.

시간이 없거나 여유가 없을 때도 집을 정리하는 것만으로 기분과 생활을 바로잡을 수 있어서 최대한 확실히 합니다.

"행복해"라고 중얼거렸더니

육아를 하면 매일이 재밌을 정도로 분주합니다.

"행복해"라고 중얼거리면 평소와 다름없는 일상이나 평소보다 조금 외로운 날도 점점 행복하게 느껴집니다.

분명히 행복이겠지요? 어떤 책의 내용이지만…(웃음) 그 책에는 육아가 힘들어지거나 너무 힘들어서 아이를 봐도 귀엽다는 생각이 들지 않을 때는 "귀여워", "귀여워" 하며 다시 귀엽게 느껴질 때까지 아이에게 계속 말하라고 쓰여 있었어요. 정말이에요!

힘든 일만 있는 것은 아니지만 결코 즐거운 일만 있는 것도 아니에요. 사람을 키운다는 게 뭘까, 이따금 생각합니다.

육아중에는 매일이 재밌을 정도로 분주하다.

빨래할 때의 작은 수고

세탁한 의류를 말리기 전에, 접어서 팡팡 두들기세요. 어제는 친구도 빨래할 때 작은 수고를 들인다는 사실을 알고 왠지 모르게 기분이 좋았습니다. 자칫 귀찮게 느껴지는 빨래지만, 오늘은 즐거워서 정성껏 빤 듯한 기분이 들었습니다. 아이나 가족, 집을 사랑스럽게 느끼는 것처럼 살림과 집안일의 한 장면을 사랑스럽게 느끼며 생활할 수 있으면 얼마나 멋질까요? 조금 과장스러울지도 모르지만, 정성을 들인 생활은 이런 것이 아닐까 싶습니다.

의류를 말리기 전에 팡팡 두들기는 수고를 들인다.

PROFILE

▶ 거주지/ 연령/ 직업/ 가족/ 취미

오카야마 현/ 37세/ 주부/ 본인, 남편, 딸 11세, 큰아들 7세, 작은아들 4세/ 인테리어, 사진촬영과 감상, 달리기

▶ 좋아하는 집안일

정리, 청소

▶ 싫어하는 집안일

요리

▶ 이상적인 주거

시간의 경과와 함께 서서히 변화하는 모습이 멋진 집. 유지 및 보수를 소중히 반복하며 세월의 흐름에 따른 즐거움을 기대하고 싶다.

▶ 일상에서 느끼는 소소한 즐거움

실내에 꽃이나 식물을 더해서 일상에 안심할 수 있는 순간을 만든다. 나를 위해서 정성껏 커피를 내린다.

▶ 일상에서 느끼는 행복

아이나 남편과 여유롭게 마주할 수 있는 시간(그러기 위해서 집안일을 효율적이면서도 정성껏 할 수 있는 아이디어를 늘 추구한다). 갑자기 친구가 놀러 왔을 때(언제든지 사람을 집에 부를 수 있도록 정리하고 있다).

▶ 바쁠 때의 아이디어

대체로 매사에 지나치게 욕심을 부릴 때 시간이 없다. 조금 멈춰 서서 일상을 단순하게 다시 생각한다. 집안일의 최소화, 생활의 재검토 등.

▶ 자기계발을 위해 하는 일

독서, 달리기, 정리나 청소도 일종의 자기계발이라고 생각한다.

PART 2

기분 좋은 심플한 공간 만들기

청소, 정리, 생활의 아이디어
날마다 깔끔하게,
자신만의 쉬운 방법을 찾는 사람들

17

메구
megu

지금 좋아하는 물건을 10년 후에도 좋아할까?

➡ 인스타그램 @meguri4

대걸레는 무인양품 제품을 즐겨 사용한다.

청소나 정리가 끝난 후 성취감을 좋아합니다. 아침 일과인 청소를 하면 그날 하루가 산뜻해져서 여러 가지 일에 시선이 가고 어떤 일이든 순조롭게 진행되는 기분이 듭니다.

아침에 일어나면 먼저 주전자에 물을 끓여서 차를 마실 준비를 한 후 거실에서 현관까지 대걸레질하고 소파와 러그를 테이프클리너로 문질러서 깨끗이 합니다. 최근에는 인플루엔자 대책으로 창문을 5분 정도 활짝 열어놓습니다. 10시까지는 '마키타' 청소기로 집 전체를 치웁니다. 요즘에는 저녁에 메인 청소기를 정성껏 돌립니다. 전에는 계속 아침에 청소할 때 공들여 청소기를 돌렸는데, 고양이를 키우느라 꼼꼼하게 청소하고 싶기도 하고 딸이 돌아온 후에 집이 정말로 지저분해지기 때문에 저녁에 확실히 청소했더니, 저녁의 상쾌함이 기분 좋고 작은딸과 지내는 아침시간이 늘어나서 우리 집의 라이프스타일에 잘 맞는 것 같아요.

청소든 정리든 하루 한 곳은 중점적으로 하도록 결정했습니다. '날마다 조금씩' 하는 것이 계속할 수 있는 비결이랍니다.

청소기는 마키타와 밀레 제품. 스프레이 용기에는 도버의 파스토리제를 넣었다.

청소기는 '마키타'와 '밀레' 제품을 구분해서 사용합니다. 스프레이 용기에는 도버 사의 파스토리제가 들어 있습니다. 창문이나 거울의 얼룩을 발견했을 때 재빨리 닦을 수 있도록 앞치마 주머니에 넣고 청소하며 돌아다녀요(웃음).

주방 벽면의 장식 선반이 마음에 든다

'지금 좋아하는 물건을 10년 후에도 좋아할까?' 이렇게 생각했을 때 쭉 변함없이 좋아할 것 같은 무인양품의 가구와 인테리어를 구입해서 심플하지만 내추럴한 집을 지향합니다.

주방 벽면의 포인트 벽지와 장식 선반은 집에 들어왔을 때 가장 눈에 띄는 곳이므로 깨끗이 합니다. 선반 한가운데 놓은 작은 꽃은 어제 큰딸이 제 생일 선물로 따다 줬어요. 오늘은 잔소리하지 말자고 마음속으로 맹세했답니다(웃음).

전기밥솥의 보온 기능을 끄기 위해 밥통을 샀습니다. 밥통에 옮겨 담아 식탁에도 가져갈 수 있어서 푸드파이터처럼 먹어대는 남편에게 밥을 실컷 퍼줄 수도 있어요(웃음). 이렇게 해서 전기밥솥 보온을 하지 않는 것에 익숙해지면 꿈에 그리던 스토브로 밥을 지어보고 싶습니다.

10년 후에도 좋아할 것인지 잘 생각해서 물건을 선택한다.

PROFILE

▶ 거주지/ 연령/ 직업/ 가족/ 취미
나가노 현/ 30대/ 파트타임/ 본인, 남편, 큰딸 6세, 작은딸 4세, 고양이 한 마리

▶ 좋아하는 집안일
청소, 정리

▶ 싫어하는 집안일
요리

▶ 집안일에 관한 장점
예전에는 무조건 외관을 중시해서 서랍이 꽉 차도록 수납해서 물건이 눈에 띄지 않게 했다. 지금은 편의성을 중시해서 사용하는 장소에 물건을 보관하고, 수납하는 물건의 양도 너무 많지 않도록 80퍼센트 수납을 지향한다.

▶ 대충 하는 부분과 확실히 하는 부분
지은 지 50년이 넘은 집을 개축했는데, 한정된 토지 안에 원하는 것을 잔뜩 담았다. 채광과 통풍, 겨울에도 쾌적하게 지낼 수 있는 것을 중시했다.

▶ 일상에서 느끼는 소소한 즐거움
청소나 정리 등 뭔가 작업을 하는 틈에 커피를 마시며 쉰다.

▶ 일상에서 느끼는 행복
휴일에 아이들이 노는 모습을 뒤에서 보면 행복하다고 느낀다.

▶ 일상에서 받는 스트레스와 해소법
집이 어지러울 때. 어질러놓은 채로 외출했을 때는 집에 돌아와서 마음이 개운치 않기 때문에 피곤해도 청소한다. 집이 깨끗해지면 짜증과 스트레스가 사라지는 기분이 든다.

식기수납장은 월말에 정기적으로 청소한다

요즘 게으름을 피웠던 식기수납장 내부 걸레질을 오늘 오전에 했습니다. 내용물을 전부 꺼내서 닦는 일은 간단하지만 나중으로 미루기 쉽습니다. 가능하면 정기적으로 하는 것이 좋아서 월말에 하고 있어요.

별로 사용하지 않는 식기는 '다른 식기로 충분하기 때문인가, 아니면 꺼내기 어려워서 쓰지 않는가?'를 고려해서 다른 식기로 대체할 수 있는 것은 과감히 버려 최소화합니다. 꺼내기가 어려운 경우에는 수납 방법을 재검토합니다.

머그컵이나 유리잔, 작은 그릇이나 코스터, 충전기는 서랍에 넣습니다. 도시락용품은 100엔숍에서 구입한 박스에 한데 모아 정리했습니다. 미니멀라이프를 동경하는데, 우리 집에 지금의 양이 과연 적당한지 생각합니다.

식기수납장은 무인양품 제품.

왼쪽 위) 아크릴 칸막이 선반을 사용해서 수납했다.
오른쪽 위, 오른쪽 아래) 머그컵이나 유리잔, 작은 그릇이나 코스터는 서랍에 넣었다.
왼쪽 아래) 도시락용품은 100엔숍에서 구입한 박스에 한데 모아 정리했다.

세탁실 수납은 용도에 따라 구분

세면대 밑에 선반을 설치했습니다. 이사 당시에는 수건만 보관했는데, 지금은 편리성을 생각해서(웃음) 상단에는 딸들의 속옷, 바구니 안에는 알록달록한 아이용 수건, 하단 왼쪽은 큰딸의 통원용 옷, 하단 오른쪽에는 딸들의 잠옷을 보관합니다. 세탁기 옆에는 빨래망, 세제, 큼직한 목욕수건 2장을 넣었습니다.

하단 수납에 사용한 무인양품의 폴리프로필렌 수납케이스는 세로 길이가 37센티미터인데, 옷이 늘거나 아이가 태어날 때마다 사서 보충합니다. 상단의 진열장도 전에 살던 집에서 주방 수납용으로 쓰던 것을 재사용했습니다. 사용하는 장소가 달라져도 잘 어울리는 점이 역시 무인양품 제품이라는 생각이 들어서 더욱더 무인양품 애호가가 될 것 같아요(웃음). 또 라이프스타일에 맞춰서 수납도 재검토하고 싶습니다.

거울 수납장은 이케아 제품이다.

침실의 가구 위치를 바꿨다

며칠 전에 침실의 가구 위치를 바꿨습니다. 침대 방향을 바꿔서 예전 집에서 사용했지만 줄곧 어디에 놓을지 고민해왔던 무인양품의 중인방[벽의 중간 높이를 가로질러 뼈대를 이루는 나무]을 부착했어요. 스마트폰을 충전하거나 아이에게 읽어준 그림책을 임시로 놓는 등 여러모로 쓸 만하답니다!

가구 위치 변경과 함께 침대커버도 새로 장만했어요. '벨르 메종 데이스'의 선염 면 100퍼센트인 침대커버용 패드입니다. 패드 특유의 고무 밴딩이 없어서 외관도 깔끔해요! 빨아도 순식간에 말라 빨래하기도 편해서, 배변 훈련이 아직 덜 끝난 작은딸이 있는 우리 집에 딱 어울립니다.

침대는 무인양품의 다리가 달린 싱글 매트리스 3개를 나란히 놓았다.

가끔은 욕실과 창살도 꼼꼼하게 청소

월초에는 욕실을 꼼꼼히 청소하기로 정했습니다. 바닥의 거무스름한 얼룩이 신경 쓰여서 비닐로 배수구를 막고 옥시크린을 뿌린 후 60도의 물을 흘려서 잠시 불립니다. 하는 김에 욕조덮개나 계단 등에도 옥시크린을 뿌려놓습니다.

기다리는 동안 오래 본 척 만 척하던 걸레받이와 창살을 청소합니다. 브러시로 먼지와 이물질을 끌어낸 뒤 집에 남아도는 비데 물티슈로 닦아내고 알칼리 전해수를 뿌려서 마무리로 다시 한 번 닦아냅니다. 온 집의 창살을 한꺼번에 청소하면 일이 커지므로 조금씩 합니다. 미루지 않고 하는 것이 중요하다는 점을 사무치게 느꼈습니다.

무인양품의 지퍼가 달린 에바 케이스에 탈부착형 물티슈 캡을 임시로 부착해서 뚜껑을 열고 볼펜 등으로 틀을 따라 덧그린다. 그런 다음 임시로 부착한 것을 떼어내고 그려놓은 선대로 가위와 칼로 잘라내 물티슈 파우치를 만들었다.

18

유코
yuko

내 역할은 안락한 공간을 만드는 일

➡ 인스타그램 @yuko_casa

예전부터 부부가 둘 다 건축을 좋아해서 이 세상에 하나뿐인 집을 짓고 싶어했다.

우리 집은 현관을 열면 바로 주방이 있어서 천장 높이 4미터의 공간에 오각형 스테인리스 상판을 깐 조리대 겸 식탁이 갑자기 나타납니다. 개방감이 있으면서도 감싸인 듯한 공간의 식당을 칭찬해주는 분들이 많습니다.

우리 부부는 둘 다 건축을 좋아해서 이 세상에 하나뿐인 집을 짓고 싶었습니다. 건축가에게 어떤 식으로 집을 사용하고 싶은지, 우리의 꿈과 목표, 생각을 말했더니 요청을 반영해줬습니다.

그래서 가족과 이 집에서 지내는 시간을 소중히 합니다. 아이들이 자유롭게 놀고 남편도 일하고 돌아오면 편히 쉬기를 바랍니다. 그러기 위해서는 기초가 되는 청소, 정리 정돈을 비롯하여 인테리어에 신경을 쓰고 식물도 꼭 보이게 해서 안락한 공간을 만드는 것이 제 역할이라고 생각해요.

위) 계단의 높낮이 차가 의자가 되며 방과 방의 경계선이 되기도 한다. 누가 어디에 있어도 있는 곳이 보이는 독특한 설계.
오른쪽) 식물을 날마다 바라보고 싶은 우리 가족. 주방 안쪽은 창밖의 자연을 차경으로 활용할 수 있도록 바닥을 뚫어 만든 고타쓰가 있는 식당이다.

요리하는 것을 좋아한다

저는 요리하는 것을 좋아합니다. 평범한 가정요리라도 보여주는 방식에 따라 몇 배나 맛있어 보이게 만들 수 있어요. 먹어주는 가족의 웃는 얼굴을 상상하며 요리하는 일은 저에게 행복이고, 상대방의 맛있다는 한마디는 최고의 선물이랍니다.

해가 지나도 오랫동안 소중하게 쓸 수 있는 소품을 신중하게 선택하게 되었습니다. 밥을 지을 때는 개다래나무로 만든 쌀소쿠리와 종려나무 솔, 취사용 뚝배기는 '나가타니엔'의 '가마도상'을 애용합니다. 다 된 밥은 도기로 만든 밥통에 옮기고, 주먹밥은 목공작가 오자와 겐이치소水沢賢 씨의 커팅보드 위에 올립니다.

올해 목표 중 하나는 일곱 살짜리 딸과 둘이서 요리를 많이 만드는 것이랍니다. 새로운 앞치마를 입은 딸이 직접 요령을 터득하며 정성껏 크레이프를 한 장씩 굽는 모습은 누나다웠어요.

아침에 일어나면 가장 먼저 밥을 짓는다.

왼쪽) 요리는 '5미 5색(다섯 가지 조리법, 다섯 가지 색깔)'을 바탕으로 한다. 주먹밥은 마음을 담아서 만든다.
오른쪽) 딸과 둘이서 요리를 많이 만드는 것이 목표다.

PROFILE

▶ 거주지/ 연령/ 직업/ 가족/ 취미
요코하마/ 35세/ 자영업/ 본인, 남편, 딸 7세, 큰아들 5세, 작은아들 2세/ 그릇 수집, 공간 정리(청소나 정리 정돈)

▶ 좋아하는 집안일
요리. '5미 5색'을 바탕으로 그릇과 플레이팅을 중요시한다. 남편과 아이들이 "엄마가 만든 밥이 가장 좋아요! 최고로 맛있어요!"라고 자주 말해준다.

▶ 확실히 하는 부분
매일 주방을 리셋하고 밑반찬을 만들어 식사 준비를 한다. '더러워지면 즉시 닦기'를 철저히 실천한다.

▶ 일상에서 느끼는 소소한 즐거움
매일 아침밥이 다 될 때까지 뜨거운 물이나 차를 즐긴다. 욕실에서 책을 읽는다. 남편과 드라마나 영화를 본다. 휴일에 아이들과 지내는 시간을 갖기 위해서 집안일은 가능하면 평일에 끝낸다.

▶ 일상에서 받는 스트레스와 해소법
아이를 키우며 마음대로 잘 안 된다고 느꼈을 때. 아이와 잘 대화한다.

▶ 바쁠 때의 아이디어
집안일(또는 바깥일)과 육아를 동시에 할 때. 그 집안일이나 바깥일을 지금 당장 해야 하는지 생각해서 우선순위를 정한 후 손을 멈추고 아이를 주목한다.

▶ 자기계발을 위해 하는 일
많은 사람들의 이야기를 듣는다. 좋다고 생각한 말은 내 입장으로 바꿔서 도전해본다. 매일 10분씩 스트레칭과 근육 트레이닝을 한다.

스펀지를 새로 장만했다

식기세척용 스펀지를 새로 장만했습니다. '엔조'라는 브랜드의 물만으로 씻을 수 있는 스펀지입니다. 두 개를 구입해서 날마다 교대로 빨아서 말리며 쓰고 있습니다.

식기세척은 '레데커'의 브러시를 사용해서 뜨거운 물로 대강 씻은 후 엔조의 스펀지로 씻어서 헹굽니다. 이걸로 충분히 깨끗해지는데다 헹구는 시간이 짧아서 도기나 나무 제품이 많은 우리 집에 가장 적합한 방법입니다.

기름기 많은 냄비 등은 물로 희석한 '모리토' 주방세제를 뿌린 뒤 세척합니다. 반복해서 구매하는 제품이랍니다. 둥근 솔은 도마용입니다. 나무로 된 도마는 반드시 물과 수세미를 사용해서 씻으라는 내용을 요리연구가인 아리모토 요코有元葉子 씨의 책에서 읽은 후로는 물과 수세미로만 세척하는 방법을 실천하고 있는데, 그 덕분에 거무스름한 얼룩이 없습니다.

디자인이나 사용감이 좋아서 마음에 드는 도구를 찾을 수 있으면 그것만으로도 청소가 순조롭습니다.

청소도구는 종류가 다양해서 알아보는 것만으로도 즐겁다.

정원 청소용 빗자루를 새로 장만했다

정원 청소용 빗자루를 새로 장만했습니다. 그냥 놔두기만 해도 그림이 되는데다 기능성도 중시한 혼합이삭 빗자루. 지금까지 '홈센터'에서 구입한 부드러운 빗자루를 사용했기에 이 빗자루의 대단한 탄성에 깜짝 놀랐어요! 자갈에 섞인 낙엽이나 자잘한 모래먼지도 깨끗하게 쓸어줍니다. 역시 메이드 인 재팬. 빗자루 하나로 청소하는 기분이 달라지네요. 게다가 딸은 이 빗자루로 마녀놀이를 하며 논답니다.

현관은 특별히 깨끗하도록 늘 주의합니다. 아이들에게 "현관은 신神이 다니는 길이고 여기에서 신이 들어오니까 깨끗이 하자"라며 신발을 가지런히 놓게 하고, 현관 타일을 닦아서 입구를 정리하도록 가르쳤습니다.

현관은 방문객이 기분 좋게 들어오도록 열린 공간으로 만들었다.

방에 가라앉은 해로운 것을 제거하고 공기도 맑아지도록 걸레질을 중요시한다. 방을 닦으면 기분도 차분해진다.

걸레질을 꼼꼼하게

저는 매일 아침에 대걸레질을 하고 저녁에 주방을 리셋하여 공간을 정리하는 청소 습관이 있습니다.

아침에 가장 먼저 대걸레질을 해서 기분과 공간을 정돈합니다. 그 후에는 가족을 배웅한 후 청소기를 돌리거나 빨래를 넙니다. 또 여기에 더해서 요일마다 청소하는 장소를 정해놓습니다. 예를 들어 월요일에는 행운을 불러들이는 현관 주위와 입구를 청소하고, 화요일에는 불과 관련이 있는 가스레인지나 환기팬 주위를 청소합니다. 수요일에는 물과 관련이 있는 세면실이나 욕실, 화장실 청소 등을 하는 식입니다.

예전에는 신경이 쓰이는 곳을 되는 대로 청소했는데, 제대로 끝내지 못해서 스트레스를 느꼈습니다. 요일마다 청소할 곳을 정해놓으면 단순해서 알기 쉽고 앞일이 예측되어 안심할 수 있습니다. 이 방법은 계획을 잘 세우지 못하는 저에게 적합합니다.

딸은 환한 얼굴로 춤을 추며 "무대에 올라가는 게 기대돼!"라고 말했다.

딸의 발레, 무대에 오르는 날

오늘은 딸이 발레를 선보이는 날입니다. 이날을 위해서 7월부터 거의 주 5회씩 레슨을 열심히 받았답니다. 무대에 서는 것이 부끄럽다고 했는데, 전날 레슨에서 싹 날려버렸나봐요.

환한 얼굴로 춤을 추며 "무대에 올라가는 게 기대돼!"라고 말했습니다. 믿음직스러울 뿐이에요.

친구들과 힘을 합쳐서 높은 목표를 가지고 뭔가를 창조해내는 경험은 매우 소중해서 인생의 양식이 될 것입니다. 혼자서 하는 일이 많았던 저는 그런 경험을 어릴 때부터 쌓아가는 딸이 부럽습니다. 혹독한 일도 많은 세상에서 늘 웃는 얼굴로 레슨을 받으러 다니는 딸을 대견한 마음으로 바라보기도 합니다.

때때로 집에서 춤을 출 때 작년보다 더 많이 턴을 할 수 있게 된 모습을 보면 몸치인 저는 그저 감동할 따름이에요.

그 경험을 오늘 선보이다니 너무나도 기대됩니다. 하아 제가 다 긴장했네요. 파이팅!

19

와타나베 가오리
渡邊かおり

미니멀한 공간에서 상쾌하고 아름답게 살고 싶다

인스타그램 @____3_1

테이블은 코구小具, cogu 씨의 작품이다. 큰 냄비와 그릇을 올려놔도 여유가 있어서 기분 좋다.

올해 새집이 완공되었습니다. 건축가의 세계관이 매우 훌륭해서 어디를 봐도 늘 새로운 발견이 있는 즐거운 집이 되어 날마다 즐겁습니다. 개인적인 공간을 적절히 유지하며 가족이 저마다 기분 좋게 느낄 수 있는 공간이 완성되어 굉장히 만족합니다.

인테리어는 오래 쓸 수 있는 물건, 만든 사람의 얼굴이 떠올라서 소중히 생각할 수 있는 물건인지를 고려하여 소파와 테이블을 결정했습니다. 말끔하게 정리된 공간을 유지하기 위해서 거실과 식당, 주방은 물건을 꺼내놓지 말고 즉시 정리하도록 주의합니다.

청소 면적은 넓어졌지만 손질은 쉬워졌습니다. 청소를 싫어하지만 일단 매일 습관으로 삼도록 노력하고 있습니다.

무화과와 생햄으로 만든 샐러드. 요시다 지로吉田次朗 씨가 만든 그릇에 담았다.

마음에 드는 주방

졸참나무를 사용한 주방. 최근에 새로 지은 집에서는 보기 드물지도 모르지만 벽면에 고정했습니다.

처음에는 저도 조리대와 개수대를 거실 쪽으로 둔 대면식 주방을 희망했지만, 공간을 깔끔하게 사용할 수 있게 벽면에 고정한 주방이 최고로 마음에 듭니다. 총 길이가 5미터인데다 가스레인지 뒤쪽으로 대용량 수납장이 있어서 팬트리가 없어도 괜찮습니다. 식기세척기는 'AEG 일레트로닉스' 제품입니다. 이것저것 알아봤을 때 독일의 '가게나우' 등도 좋아 보였지만 AEG도 사용하기 편리해서 매우 만족합니다.

큰 오븐을 설치했으니까 다양한 오븐 요리에 도전하고 싶습니다. 새로운 식재료나 친구가 알려준 레시피 등을 활용해 새로운 요리를 만들어보는 것을 굉장히 좋아합니다.

나무로 만든 주방. 마음에 든다.

PROFILE

▶ 거주지/ 연령/ 직업/ 가족/ 취미
홋카이도/ 40대/ 디자인업/ 본인, 남편, 아들/ 카페 나들이, 친구와 집에서 유유자적

▶ 좋아하는 집안일
빨래와 요리

▶ 싫어하는 집안일
청소를 싫어한다. 특히 욕실 청소와 창문 닦기, 잡초 뽑기 등

▶ 청소에 대한 자신만의 규칙
일단 미루지 않는다! 날마다 조금씩 계속하는 것이 중요하다.

▶ 일상에서 느끼는 소소한 즐거움
화창한 오전시간을 매우 좋아한다. 집안일을 전부 끝내고 여유롭게 보낸다. 음악을 틀고 커피를 마시거나 책을 읽는다. 그 시간에 놀러 오는 친구와 집에서 수다를 떠는 것도 행복하다.

▶ 일상에서 받는 스트레스와 해소법
일의 마감과 집안일이 겹쳐서 시간이 없을 때. 아무것도 안 해도 되는 시간을 조금이라도 찾아서 기분이 전환되도록 한다.

▶ 자기계발을 위해 하는 일
진심으로 끌리는 멋진 물건을 찾아서 비교하고 분석한다. 하지만 모방이 아니라 어디까지나 내가 하고 싶은 일을 하려고 한다.

미니멀한 현관을 매우 좋아한다.

넓은 현관홀

건축가 고사카 히로유키小坂裕幸 씨에게 의뢰한 집입니다. 집 안 어디를 봐도 제가 좋아하는 공간이 펼쳐져서 집에서 보내는 시간이 이전보다 확실히 더 좋아졌어요. 요 몇 달 동안은 자나 깨나 집만 생각했습니다. 아침에 눈을 뜨면 새하얀 천장이 보이는 매우 멋진 공간이에요. 가장 좋아하는 우리 집을 소중히 아끼고 싶습니다.

미니멀한 아름다운 공간. 금욕적으로 정돈해, 인터폰이나 급탕 패널도 보이지 않도록 작은 문 안에 수납했습니다.

이 전망이 마음에 든다.

해가 들어오는 거실

해질녘 등 시간에 따라 들어오는 빛이 다양한 느낌을 줍니다. 커다란 창문을 통해 엄청 커다란 밤나무의 푸른 잎이 보이는 이 전망이 매우 마음에 듭니다.

상쾌하고 심플한 생활이 목표라고 말했지만 이사할 때 필요 없는 물건까지 다 싸들고 온 것 같습니다. 새집에서는 물건을 정리하고 싶어요.

수납이 어렵다

전 수납을 잘 못해서 이것만은 적성에 안 맞는다고 생각합니다. 새집의 수납용으로 상자를 다양하게 구입했습니다. 워크인 클로짓을 만들 수 없었기에 방의 벽면에 드러나 있는 옷장을 어떻게 수납해 아름다워 보이게 할 수 있을까 하는 어려운 문제로 머릿속이 꽉 차 있었습니다. 똑같은 상자를 쭉 늘어놓는 것으로 외관만이라도 기분 좋게 만들어봤습니다.

옷걸이는 'MAWA'에서 마련했고, 수납의 달인으로도 유명한 아트디렉터 히라바야시 나오미平林奈緒美 씨의 뱅커스 박스를 말도 안 되게 왕창 구입(좀처럼 하지 않는 일)해서 옷을 철저히 최소화했습니다. 그 결과 매우 깔끔하게 정리되어 만족합니다. 옷을 최소화했더니 늘 입는 옷이 몇 벌 안 된다는 것을 깨달았습니다. 또 색상별로 늘어놓았더니 흰색, 검은색, 회색, 담갈색 네 가지뿐이었어요. 모험을 못하는 사람이었네요(웃음).

위) 늘 입는 옷이 몇 벌 안 된다는 것을 깨달았다.
아래) 뱅커스 박스에 수납했다.

아침의 세면실

우리 집의 세면실은 욕실과 떨어진 장소에 있으며 독립된 공간이라서 매우 넓습니다. 세면실 앞에는 화장실이 있습니다.

우리 집에는 손님이 많이 오는 편이라서 건축가의 아이디어로 욕실과 탈의실, 세탁실은 손님의 눈에 띄지 않는 곳에 분리시키고 화장실과 세면실은 보여주는 공간으로 만들었습니다.

거울 속에 칫솔 등을 놓을 수 있도록 선반을 만들었고 수건은 따로 수납하기 때문에 깔끔하며 청소하기도 편합니다.

거실에서 계단을 빙글 돌아서 현관홀을 거쳐 콘크리트 계단을 내려가면 새하얀 세면실이 나타납니다. 빛을 매우 소중하게 다루는 건축가가 지은 집이라서 아침이든 밤이든 기분이 매우 좋습니다. 길고 하얀 세면대의 왼쪽 위에 있는 채광창에서 오전에는 빛이 들어오고 밤에는 달이 얼굴을 내밉니다. 덕분에 빛의 변화를 날마다 즐기고 있답니다.

빛이 들지 않는 계단 밑에는 새하얗게 빛나는 세면공간이 있다. 이곳도 매우 좋아한다.

20

미요코
miyoko

청소해서 깨끗해진 방에서 지내는 것을 좋아한다

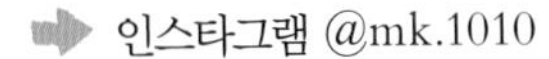
인스타그램 @mk.1010

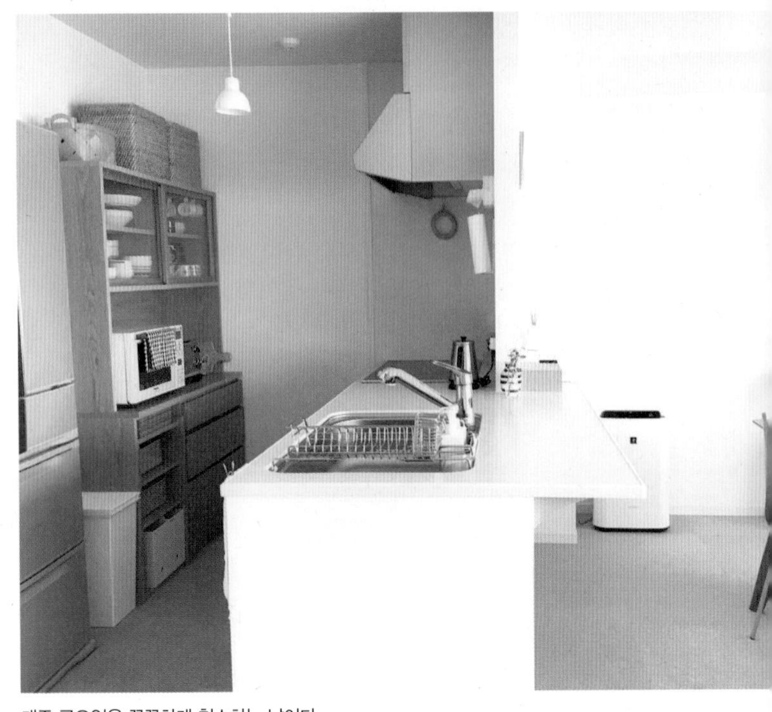
매주 금요일은 꼼꼼하게 청소하는 날이다.

깨끗한 것을 좋아하는 어머니의 영향으로 어린 시절부터 청소해서 깨끗해진 방에서 지내는 것을 좋아했습니다. 식사 후 흘린 음식이나 지우개가루 등 날마다 나오는 쓰레기는 곧바로 청소합니다.

때가 눈에 띄면 절대로 미루지 않고 즉시 청소합니다. 그래서 스틱클리너나 양모 먼지떨이 등은 바로 손에 잡을 수 있는 곳에 두었습니다.

매주 금요일은 꼼꼼하게 청소하는 날로 정해서 주말을 기분 좋게 보낼 수 있도록 합니다. 주방의 경우 배수구 살균, 식기건조대 청소, 쓰레기통 닦기 등 매일 하지 않는 일을 하는 걸로 정해놓았습니다.

일주일 동안 쓴 주방을 깨끗하게 리셋해서 기분 좋은 주말을 보내고 싶습니다.

위, 왼쪽 아래) 과자나 채소를 넣을 큼직한 바구니를 구입했다. '자가리코' 감자 스낵도 이렇게나 많이 들어간다.
오른쪽 아래) '산게쓰'의 타일 카펫을 깔았다.

편리한 아이용 로커

초등학교나 유치원 장기 방학기간에는 집에서 보관해야 하는 것을 전부 갖고 오기 때문에 아이의 옷장이 물건으로 가득 차 빵빵해집니다. 멜로디언, 도구세트, 점토, 그림물감, 도서…. 문이 있는 로커를 구입하길 정말 잘했습니다.

책상 위에 물건을 올려놓은 채로 내버려두지 않도록 자제시키는 효과도 있고, 수납 공간도 충분합니다. 우리 집에서 마음에 드는 아이템입니다.

계절별로 로커 안의 옷을 가볍게 바꿔주고 그 기간 동안 필요 없는 의류나 교복 등은 맨 밑에 있는 무인양품의 소프트박스에 수납합니다.

한가운데 두는 속이 비쳐 보이는 작은 소프트박스를 우리 집에서는 '다음 날 박스'라고 부릅니다. 다음 날 아침 옷을 갈아입을 때 필요한 것을 전부 이 박스에 준비해놓습니다. 딸이 유치원에 다니던 시절부터 지금까지 계속 똑같은 시스템이라서 아침에 순조롭게 옷을 갈아입을 수 있게 준비되어 있습니다.

로커는 이케아의 '스투바'라는 시리즈 제품이다.

왼쪽) 한가운데 놓인 속이 비쳐 보이는 작은 소프트박스가 '다음 날 박스'다.
오른쪽) 베란다에도 이케아의 실외 수납장이 있다. 빨래 널 때 쓰는 물건을 수납한다.

PROFILE

▶ 거주지/ 연령/ 직업/ 가족/ 취미
히로시마 현/ 30대/ 전업주부/ 본인, 남편, 딸 7세, 아들 5세/ 정리, 수납

▶ 좋아하는 집안일
청소

▶ 싫어하는 집안일
요리

▶ 대충 하는 부분과 확실히 하는 부분
아침식사 만들기는 대충. 아침은 전날 남은 음식이나 빵, 그래놀라, 채소주스 등으로 대충 때운다. 그 대신 주말에는 일식 메뉴를 준비한다. 청소 면에서도 평소에는 청소기를 돌리지 않고 스틱클리너만 사용하거나, 화장실은 휴지와 세제로 변기 시트를 닦기만 한다. 세면대도 평소에 핸드워시와 손으로 얼룩을 흘려보내는 정도로 간단히 청소한다. 그래서 매주 금요일에 청소기를 돌릴 때는 부분별로 노즐을 바꿔서 자잘한 부분(공기청정기 필터나 창틀, 방충망 등)까지 구석구석 먼지를 빨아들이고, 화장실은 변기 속과 비데 노즐 등의 부분을 강력살균 세정제와 브러시를 사용해서 꼼꼼하게 청소한다.

▶ 일상에서 느끼는 소소한 즐거움
아로마 디퓨저를 피워서 긴장을 푼다. 티타임을 마련해 혼자만의 시간을 갖는다.

▶ 일상에서 느끼는 행복
가족 넷이 다 모인 저녁식사.

▶ 자기계발을 위해 하는 일
아이와 있는 시간을 최우선으로 생각하고 SNS를 잘 이용한다. 가족이 있어야 내가 성장할 수 있다.

튼튼하고 구색을 맞추기 쉬운 그릇을 선택한다

우리 집에 있는 대부분의 그릇은 이탈라의 '티마'입니다. 일식이든 양식이든, 또 다른 컬러나 무늬의 그릇과도 잘 어울리도록 색상은 흰색을 선택했어요. 사이즈와 모양별로 몇 개씩 갖고 있답니다.

큰 접시는 요리를 통째로 내거나 원 플레이트 요리에도 쓸 수 있고 작은 접시는 덜어 담는 접시로도 쓸 수 있습니다. 볼은 수프나 면, 덮밥에 사용합니다. 어떤 사이즈나 모양이든 자주 쓰입니다. 튼튼해서 우리 집에서는 아이들도 날마다 실컷 씁니다.

흰색으로 사이즈와 모양별로 몇 개씩 마련했다.

주말에 딸과 함께 책상을 청소한다

주말에는 딸과 함께 책상을 청소했습니다. 서랍 속은 딸의 소중한 물건으로 가득 찼습니다. 귀여운 문구류를 보면 사고 싶어하는 나이거든요. 수납케이스는 무인양품과 '세리아' 제품입니다. 딸은 지금 2학년인데 아직은 교과서가 적어서 책상 위에 무인양품의 파일박스를 올려놓고 여기에 책과 노트를 보관합니다.

이 책상도 무인양품 제품이다.

스케줄은 칠판에 적는다

초등학교와 유치원의 월간 스케줄은 '아이리스 오야마'의 칠판에 붙입니다. 매일 아침 이 칠판을 보고 물품 제출 마감일 등을 빠짐없이 확인합니다. 복도에서 거실로 들어오는 문 옆에 설치했는데 여기를 정위치로 했더니 잔뜩 받아 오는 프린트물도 관리하기 쉽습니다. 벽에 두 군데 정도 고리를 만들어서 그대로 양 사이드를 걸었습니다.

우리 집 수납은 청소의 편의성도 중점으로 뒀습니다.

매일 아침 이 칠판을 보고 스케줄을 확인한다.

환기구에 필터를 붙인다

세면실과 화장실에 설치해놓은 24시간 환기장치의 먼지 대책으로 필터를 붙였습니다. 2주일만 지나면 먼지가 달라붙어 거무스름하게 변합니다.

필터를 교환할 경우 물티슈로 먼지를 닦아내고 새 필터를 붙이기만 하면 되므로 손질이 편합니다.

깜박하고 필터 교환을 미루기 쉬워서 즉시 꺼낼 수 있도록 필터 전용 서랍을 복도 수납창고에 마련했습니다.

세면실의 선반은 이케아의 '알고트' 시스템으로, 필요한 부분을 구입해서 직접 달았습니다.

선반에 있는 것은 무인양품의 야자껍질 소재 바구니. 목욕 후 입을 속옷과 잠옷을 한 세트씩 준비해놓는다.

21

마이
mai

쾌적한 공간을 유지하는 청소와 인테리어 연구

인스타그램 @gpgp_ismart

개방된 주방이라서 전부 확실히 정리하겠다는 마음이 생긴다.

결혼해서 내 집을 지은 후에는 집안일에 대한 의식이 높아졌습니다. 애써서 지은 집을 쉽게 더럽힐 수 없다는 마음이 생겼거든요. 여러 가지 시행착오를 겪으며 저에게 맞는 청소 방법을 찾았습니다. 주방이 넓어져 조리하기 쉬운 공간과 마음에 드는 주방도구 및 식기를 가지런히 놓을 수 있는 공간을 얻어서 요리하는 데도 의욕이 솟아오릅니다. 내 집을 지은 것이 전환점이 되었어요.

아무것도 놓지 않은 상태의 주방 카운터를 매우 좋아합니다. 개방된 주방은 전부 다 보여서 아무것도 감출 수 없다는 의견도 있지만, 저는 반대로 다 보이기 때문에 전부 확실히 정리하겠다는 마음이 생겨서 개방된 주방으로 하길 잘했구나 싶습니다.

거실은 2층까지 탁 트인 오픈 천장 형태라서 날씨가 궂은 날에 전등을 켜지 않아도 밝다.

물걸레 로봇청소기가 최고

물걸레 로봇청소기를 돌려서 바닥을 깨끗하게 닦고 그사이에 욕실, 화장실, 세면대 청소와 빨래를 끝냈습니다. 물걸레 로봇청소기 덕택에 시간과 수고를 줄이고 집안일을 효율적으로 할 수 있어서 정말로 도움이 됩니다. 10평 남짓한 거실이면 청소가 끝날 때까지 1시간 반 정도로 꽤 시간이 걸리는 셈인데, 청소 부담이 줄어든 것은 물론 벽 쪽 구석구석까지 깨끗하게 해주며 계단에서도 떨어질 일이 없습니다. 우리 집에는 일반 로봇청소기는 없지만 물걸레 로봇청소기는 일주일에 한 번 정도 돌립니다.

요즘은 외출하기 전에 물걸레 로봇청소기를 작동시킨다. 집에 돌아오면 끈적임 없이 반짝반짝한 바닥이 맞이한다!

PROFILE

▶ 거주지/ 연령/ 직업/ 가족/ 취미

도카이 지방/ 29세/ 의료관계(파트타임)/ 본인, 남편,/ 인터넷쇼핑, 스노보드

▶ 좋아하는 집안일

굳이 말하자면 빨래. 소파 커버나 화장실 슬리퍼 등은 집에 있는 세탁기를 사용해서 통째로 빨 수 있는 제품을 선택한다.

▶ 싫어하는 집안일

욕실 청소

▶ 대충 하는 부분

시간이 없을 때는 날마다 사용하는 부분이나 눈에 잘 띄는 부분만 청소하고 완벽을 추구하지 않는다. 물걸레 로봇청소기를 사용한다. 집안일은 날마다 해야 하는 일이므로 편리한 제품이 있으면 적극적으로 받아들이고 싶다.

▶ 확실히 하는 부분

아침에 남편을 배웅한 후 화장실과 세면대를 청소하고 청소기를 돌린다. 그런 다음 주방을 리셋한다.

▶ 집에 대해 중시한 점

낮은 유지관리비로 쾌적하고 살기 편한 집을 만들고 싶어서 내 집을 지었다.

▶ 이상적인 주거

쾌적한 공간을 희망한다. 그래서 물건은 반드시 수납공간에 정리하고 방에 쓸데없이 가구나 수납용품을 놓지 않는다. 숨길 수 없는 물건이나 드러내고 싶은 물건은 색상을 통일하도록 신경 쓴다.

욕실 청소는 싫어하지만

배수구, 물통과 의자, 욕조 덮개 등 씻어야 할 물건이 너무 많아서 욕실 청소를 싫어합니다.

매일 청소해야 하는 것은 스펀지와 욕실용 세제로 씻고 가끔 구연산 스프레이로 닦아냅니다.

며칠 전에는 욕조 배수구와 급탕구도 분리할 수 있다는 사실을 알게 되어 떼어내서 청소했습니다. 정기적으로 배관 세정제를 사용하므로 심한 악취와 오염이 생기는 일은 없지만 가끔씩 청소를 하려고 합니다.

주말의 욕실 청소 담당은 남편! 아침에 일어나니 이미 청소를 끝냈다.

세면대는 날마다 깨끗이 치운다

날마다 사용해서 아무리 청소해도 지저분해지는 세면실. 얼굴이나 손을 씻을 때 물이 튀므로 날마다 깨끗이 치웁니다. 구연산 스프레이를 뿌려서 거울, 수도꼭지, 핸드워시 용기를 닦습니다. 또 머리카락이 떨어지므로 청소기도 반드시 돌립니다.

제가 풀타임 근무를 하지 않는 날에는 아침에 남편을 배웅한 후 화장실과 세면대를 청소하고 청소기를 돌립니다. 이 세 가지가 아침 청소의 루틴이며 이에 더해서 청소하고 싶은 곳이 있는 경우에는 한두 군데를 추가해서 청소합니다. 날마다 지속할 수 있는 청소를 거듭하고 평소에 별로 치우지 않는 귀찮은 부분을 한두 군데 정도 추가하면 무리 없이 청결함을 유지할 수 있습니다.

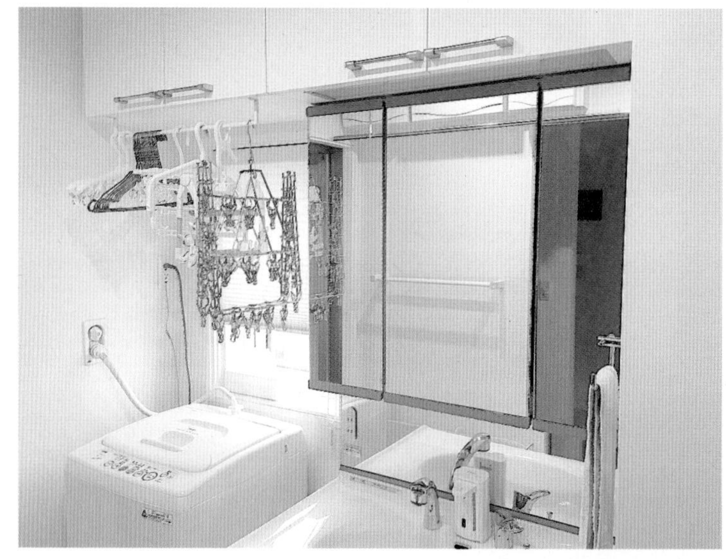

물때에 효과적인 구연산 스프레이를 뿌려서 닦아낸다.

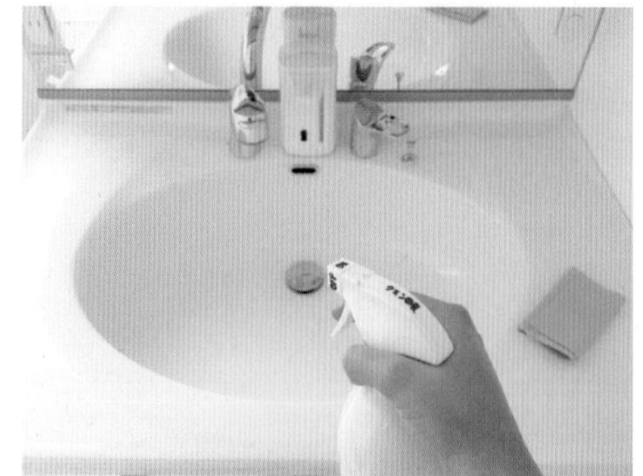

나만의 화장실 청소 방법

화장실 청소에는 '존슨 스크러빙 버블'의 '물에 녹는 변기브러시'를 사용합니다. 변기브러시는 내버려두면 비위생적이기 쉬운데 물에 녹는 브러시라면 사용 후 버릴 수 있기 때문에 위생적이라서 좋아합니다. 단 개인적으로 전용 손잡이가 쓰기 불편하다고 느껴서 최근 인스타그램에서 찾은 무인양품의 '손잡이 달린 스펀지'의 손잡이와 교환했답니다! 무인양품의 손잡이는 브러시를 제거할 때 링을 이동시키면 고정하는 부분이 넓어져서 손을 더럽히지 않고 변기에 버릴 수 있어요! 청소한 후에는 휴지와 변기세정제 '루크 마메피카'로 젖은 부분을 닦은 뒤 걸어서 정리합니다. 루크 마메피카를 쓰면 휴지가 너덜너덜해지지 않아서 편리하고 변기 청소 전용시트보다 비용 대비 성능이 훨씬 좋아 보입니다.

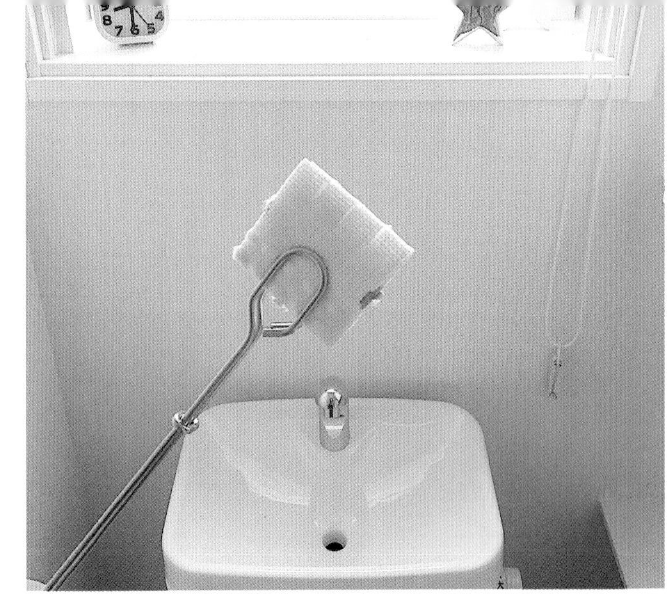

'물에 녹는 변기브러시'와 무인양품의 '손잡이 달린 스펀지'의 손잡이 부분을 조합해 화장실 청소를 쾌적하게 한다.

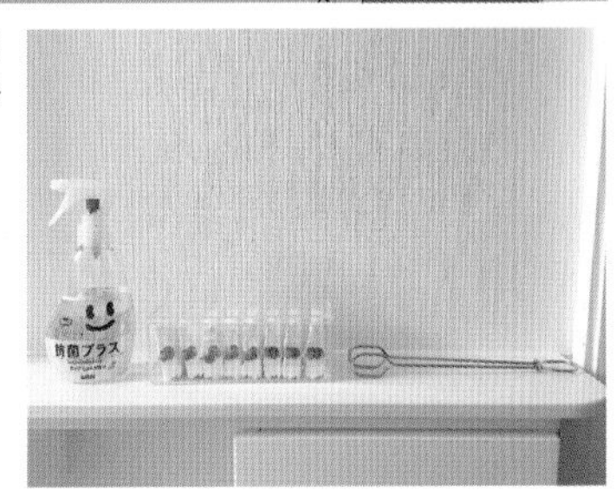

거주와 인테리어에서 신경 쓴 점

제 의견을 내세운 부분이 많지만 동선을 잘 고려했습니다. 예를 들어 세면실 출입구는 거실 · 식당 쪽과 현관홀 쪽 두 군데에 만들었습니다. 집안일을 하기 편한 동선으로 거실 · 식당과 이어져야 매끄럽고, 집에 돌아와서 그대로 세면실로 직행해서 손을 씻을 수 있는 점도 편리합니다.

또한 소파는 '노이스/ 뉴 슈거 하이백 모던' 제품입니다. 천, 다리 길이, 색상, 쿠션 소재 종류를 선택할 수 있는 이지오더 식입니다. 세탁할 수 있는 커버, 긴 다리(소파 밑으로 로봇청소기가 지나갈 수 있도록), 쿠션 소재는 새털(남편이 바라는 대로 앉았을 때의 편안함 중시)을 골랐습니다.

TV 받침대와 식탁은 '악투스/ FB 시리즈'입니다. 한 제조사의 동일 시리즈로 갖춰서 통일감을 줬습니다. 블랙 톤의 주방에 어울리도록 다크그레이를 선택했습니다.

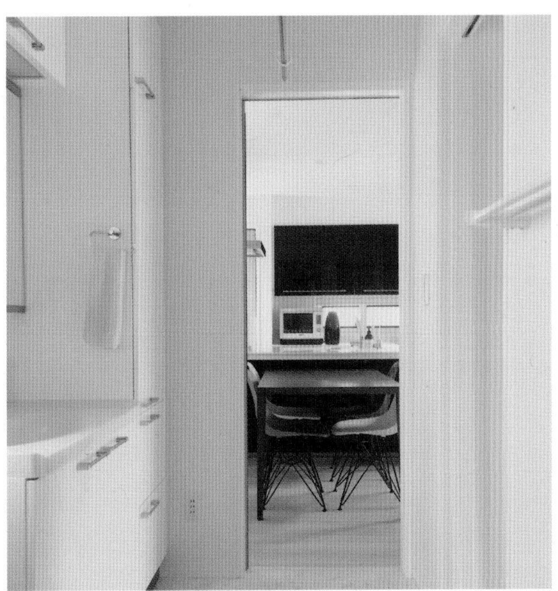

위) 동선을 고려한 세면실 배치.
아래) 소파와 TV 받침대는 이지오더 제품이다.

22

히나 홈

hina.home

생활과 주방이 함께인 듯한 기분이다

➡ 인스타그램 @hina.home

매우 안락해서 외출했다 돌아오면 안심이 된다.

남편과 빛이 잔뜩 쏟아지는 밝은 집을 만들자고 결심하고 지은 집입니다. 창문을 크게 내고 인테리어 등도 흰색과 자연 그대로의 최대한 밝은 색을 도입했습니다. 새집에 살기 전에는 정리 정돈을 싫어해서 깨끗한 것과는 거리가 멀었지만 내 집이라고 생각하니 깨끗하게 치워놓아야겠다는 마음이 들었습니다.

정리 정돈이 되고 수납이 갖춰져서 일상생활이 순조로워졌어요. 물건 보관 장소를 결정해서 그곳에 넣어놓으니 짜증 낼 일도 사라졌습니다. 또한 주방은 저만의 성 같은 소중한 장소가 되었습니다. 생활과 주방이 함께인 듯한 기분이 드네요.

지금 하루의 끝에 하는 일이 주방 리셋인데 가장 좋아하는 집안일입니다. 척척 정리되어 깨끗해지는 주방, 정리가 끝난 후의 깔끔해진 주방을 보면 기분이 좋아진답니다. 마지막에는 알코올 스프레이인 도버 파스토리제 77을 사용해서 구석구석 닦아냅니다. 이걸로 하루가 끝납니다.

주방은 나만의 성 같은 소중한 장소.

벽면 수납은 때때로 재검토한다

주방의 벽면 수납은 때때로 재검토합니다. 이번에는 식품 저장을 아래쪽 선반에 하고 접시 전반을 다시 살폈습니다.

무인양품의 스테인리스 배스킷에 컵과 머그컵을 넣었는데 남편이 꺼내기 불편하다고 지적해서 밥그릇이나 국그릇을 넣도록 바꿨습니다. 그 옆에는 밑반찬 등에 사용하는 '이와키'의 흰색 보존용기를 놓았습니다. 파란색 뚜껑이 있는 용기도 있는데 그것은 위쪽의 니토리에서 구입한 바구니에 넣고 최대한 색이 섞이지 않도록 했습니다.

식기를 구입할 때는 되도록 흰색을 선택하고 아이용의 알록달록한 식기는 서랍에 수납한다. '아라비아'나 이탈라 등의 그릇을 좋아한다.

세로형 토스터를 놓아서 공간이 넓어졌다. 무인양품의 라탄 바구니는 빵이나 과자 등을 넣어놓기에 편리하다.

PROFILE

▶ 거주지/ 연령/ 직업/ 가족/ 취미
간토 고신에쓰 지방/ 31세/ 전업주부/ 본인, 남편, 딸 4세, 아들 2세/ 드라이브(얻어 타는 편), 쇼핑, 사진

▶ 좋아하는 집안일
주방을 청소해서 리셋하는 일

▶ 싫어하는 집안일
설거지

▶ 청소에 대한 자신만의 규칙
세제가 부담스러워서 최대한 사용하지 않는다. 탄산수소나트륨 등으로 천연 세척.

▶ 대충 하는 부분과 확실히 하는 부분
괴로울 것 같아서 날마다 할 일을 정하지 않는다. 주방 리셋만 절대로 빠뜨리지 않는데, 지나치게 피곤할 때는 대충 넘기며 억지로 하지 않는다.

▶ 일상에서 느끼는 행복
가족이 함께 목욕하거나 밥을 먹거나 잠을 자는 등 똑같은 일을 할 때.

▶ 일상에서 받는 스트레스와 해소법
수면부족이 심해서 스트레스다. 그럴 때는 아이가 낮잠을 잘 때 함께 자거나, 집안일에 신경 끄고 빨리 잔다.

▶ 바쁠 때의 아이디어
아침시간과 아이가 유치원에서 돌아온 후에 바쁘다. 다행히도 시어머니가 아이들을 잘 돌봐주셔서 정말로 감사드린다.

나만의 청소 3대 필수품

제가 청소할 때 반드시 필요한 3대 필수품입니다.

살균 능력이 강력한 알코올 스프레이 도버 파스토리제 77, 코스트코 등에서 판매하는 '핸드타월(자동차나 공구 등과 관련해서 오일 및 얼룩을 닦는 데 사용하는 튼튼한 종이수건)', 그리고 '빨아 쓸 수 있는 두꺼운 페이퍼타월'입니다.

튼튼하고 흡수력이 좋은 핸드타월은 세면실을 청소하거나 바닥을 살짝 닦을 때 사용합니다. 또 빨아 쓸 수 있는 페이퍼타월은 주방을 리셋할 때 반드시 필요한 저의 조력자나 마찬가지인 존재랍니다. 파스토리제를 뿌리고 나서 이 페이퍼타월로 닦고, 물에 적셔서 세면대를 닦을 때도 사용해요. 매우 편리합니다.

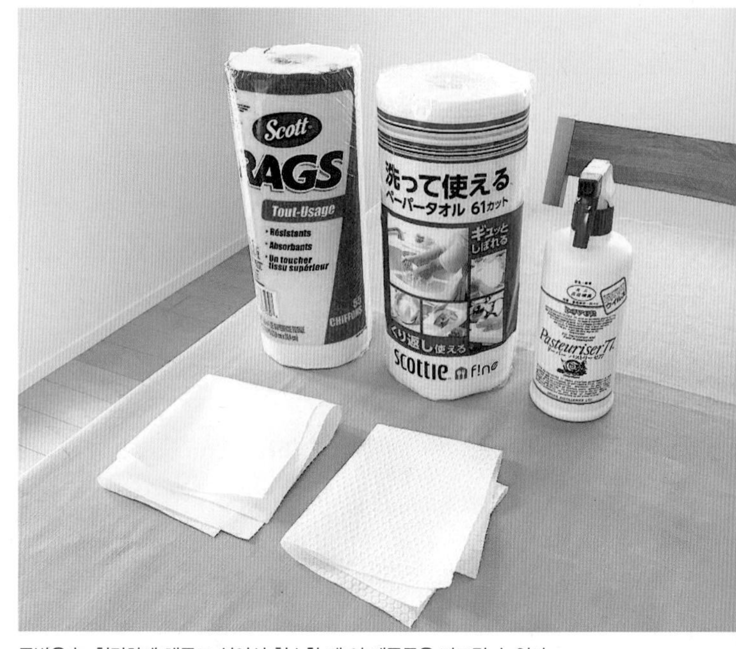

주방은 늘 청결하게 해두고 싶어서 청소할 때 이 제품들을 빠뜨릴 수 없다.

잠자기 전에 세면대도 리셋한다

밤에 자기 전에 세면대도 리셋하기로 했습니다. 청결해도 누군가가 사용하면 순식간에 물방울이 튀는데 안 하는 것보다는 낫잖아요. 거울도 파스토리제를 뿌려서 닦습니다. 전에는 핸드타월 한 장을 그대로 썼는데 거울과 세면대 전체를 다 못 닦아서 몇 장씩 사용할 때도 있었습니다. 하지만 4등분해서 비치해놓았더니 쓰기가 매우 편리해져서 낭비 없이 청소를 끝낼 수 있게 되었습니다.

위) 깨끗한 것은 순간이다(웃음).
아래) 핸드타월은 4등분해서 비치한다.

마키타 청소기와 종려나무 빗자루

마키타의 무선청소기를 사용한 지 며칠이 지났는데 정말로 쓰기 편하군요! 이불을 정리하는 김에 재빨리 가볍게 돌릴 수 있는 점이 매우 기분 좋습니다. 연속 사용시간이나 흡입력도 아직은 별 문제가 없습니다. 계단에도 사용하기 편해서 정말로 사길 잘했다고 생각해요. 어머니에게도 사 드리고 우리 집 1층용으로도 하나 더 사고 싶습니다.

현관에는 종려나무 빗자루가 새로 들어왔습니다. 사소한 먼지 등을 빨리 쓸어낼 수 있어서 깔끔해요. 무인양품의 '문에 붙이는 스테인리스 고리'를 사용해서 매달았습니다.

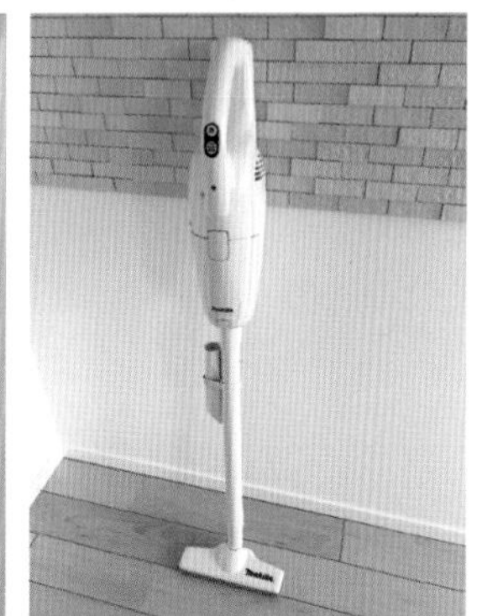

위, 왼쪽 아래) 종려나무 빗자루는 신발장 문에 매달았다.
오른쪽 아래) 마키타의 청소기는 가벼워서 정말로 쓰기 편하다!

주방 수납을 재검토했다

주방 수납을 재검토했습니다. 얼마 전에는 수납 스탠드에 프라이팬과 냄비를 정리한 터라, 매우 사용하기 편리해졌습니다. 비축해놓은 식품도 무엇이 있는지 한눈에 보이게 했습니다.

'사라사 디자인'의 행주, '히오리에'의 수건은 제가 좋아하는 주방용품입니다. 모든 물건에 보관 장소를 정해서 깜짝 놀랄 정도로 정리됐어요. 엉망이 될 여지가 없어졌습니다.

위, 왼쪽 아래) 물건마다 보관 장소를 정했다.
오른쪽 아래) 사라사 디자인의 행주와 산산스펀지, 히오리에의 수건을 좋아한다.

23

우마카리 마도카

馬狩まどか

오래된 집의 장점을 살린 편한 생활공간 만들기

인스타그램 @mumakari

아침 식탁. 시간을 낼 수 있을 때는 간단한 것 하나라도 아이들과 함께 만들려고 한다. 언젠가는 아이들이 스스로 만들어주겠지 하고 벌써부터 기대하고 있다.

우리 집은 낡은 중고주택이지만 DIY로 외관과 기능을 개선해서 지내기 편한 공간을 만들도록 늘 신경 쓰고 있습니다. 오래된 물건의 장점을 살려서 정겨운 분위기가 느껴지게 하려고 애씁니다.

가구나 잡화는 고가구점이나 재활용품점에서 심플하지만 멋이 있는 물건을 선택하기도 하고, 오래된 물건을 돋보이게 하면서도 공간이 너저분하지 않도록 다른 가구를 배치하여 균형이나 배색에 신경을 씁니다.

신상품을 고를 때도 예전부터 있어 온 디자인을 구입하거나 심플한 디자인이라도 페인트를 칠해서 조금 손을 보는 등 공간에 어울리도록 합니다.

가족이 편히 지낼 수 있도록 깨끗하게 청소하면 마음도 깨끗해지므로 아침에 일어났을 때와 밤에 가족이 목욕하기 전 하루 두 번씩 바닥을 물걸레로 닦는 것이 일과입니다. 아침에는 하루를 시작하기 전, 밤에는 목욕으로 긴장을 풀기 전에 분위기를 잡는 느낌입니다. 물걸레로 닦으면 얼룩이 지워졌다는 걸 확실히 알 수 있어서 깨끗해졌다는 성취감을 느낍니다.

낡았지만 마음에 드는 부엌

낡았지만 마음에 드는 부엌입니다. 물건이 꽉꽉 차 있어서 조금씩 정리했지만 모두 다 애착이 가는 주방용품들이어서 좀처럼 진척을 보이지 않습니다. 멋지게 수납할 수 있도록 부엌도 바꾸고 싶네요. 어질러져도 즉시 리셋할 수 있게 정리 정돈하기 쉬운 수납을 희망합니다.

주위에 농가가 많아서 채소를 잔뜩 얻을 수 있으므로 보존성 높은 말린 채소 등도 만들게 되었습니다. 미소 등의 발효식품도 매년 계속 만들고 있습니다. 예부터 전해 내려오는 지혜를 활용하는 즐거움을 알게 되었답니다.

위) 애착이 가는 것들로 가득한 부엌.
왼쪽) 쌀누룩과 찹쌀과 소금으로 '겨울 누룩' 만들기.

편히 쉴 수 있는 침실

침실 인테리어는 심플하고 모던하며 산뜻하게 마감하여 흰색 벽과 넓은 공간을 잘 살렸습니다. 적당한 프로젝터를 설치해서 가족이 함께 편히 쉴 수 있는 공간으로 만들었습니다.

저에게 DIY의 재미를 알려준 사람은 아버지인데, DIY를 시작한 후 아버지가 유일하게 칭찬해준 것이 바로 이 침실입니다.

DIY로 만든 좋아하는 침실이다.

PROFILE

▶ 거주지/ 연령/ 직업/ 가족/ 취미
홋카이도/ 30대/ 전업주부/ 본인, 남편, 큰딸 5세, 작은딸 3세/ 드라이브, DIY, 가족과 함께 DVD 감상

▶ 좋아하는 집안일
청소

▶ 싫어하는 집안일
빨래를 개서 정리하는 일. 양이 많아서 때때로 좌절할 것만 같다.

▶ 청소에 대한 자신만의 규칙
바닥을 물걸레질하는 김에 조금 높은 곳도 물걸레로 닦는다.

▶ 대충 하는 부분과 확실히 하는 부분
먼 훗날 대충 지내고 싶어서 지금부터 아이들에게 뒷정리를 가르친다. 방 청소는 대충 할 수 없지만, 정원은 잡초가 무성하다. 이웃에게 폐가 되는 장소가 아니면 그다지 예민하게 굴지 않는다.

▶ 일상에서 느끼는 소소한 즐거움
나만을 위해서 커피를 끓인다.

▶ 일상에서 느끼는 행복
가족과 함께 저녁밥을 먹을 때. 저녁밥은 어머니의 도움을 받으며 반찬을 많이 만든다.

▶ 일상에서 받는 스트레스와 해소법
아이들이 싸우는 소리. 때때로 아이들의 목욕을 남편에게 맡기고 혼자만의 시간을 갖는다.

▶ 자기계발을 위해 하는 일
육아, 집안일, 집 꾸미기 등 사소한 일이라도 건성으로 하지 않고 남편과 부모님에게서 객관적인 의견을 듣는다.

24

쇼코

shoko

싱글의 심플라이프를 만끽중이다

주말에 정기적으로 청소한다.

인스타그램 @nekokoko

부엌의 환기팬 청소를 한두 달에 한 번은 하고 있습니다. 조리기구나 양념병 등 가스레인지 주위의 물건을 전부 치운 후에 합니다. 환기팬 청소 외에도 벽이나 가스레인지, 배수구, 개수대 아래쪽 식기수납장이나 냉장고 등을 닦고 도마를 표백제로 살균하며 식칼을 간 후 병에 담긴 양념을 보충하면 청소가 끝납니다.

또한 주말에는 방과 화장실, 욕실 청소와 리넨 종류의 빨래를 반드시 합니다. 정기적으로 청소하기 때문에 대청소를 하지 않아도 됩니다.

아무리 집에 늦게 돌아와도 자기 전에는 방을 평소대로 치워서 리셋합니다. 외출 전에도 마찬가지입니다. 청소기를 돌리거나 정리하기 편하도록 가구는 줄였습니다.

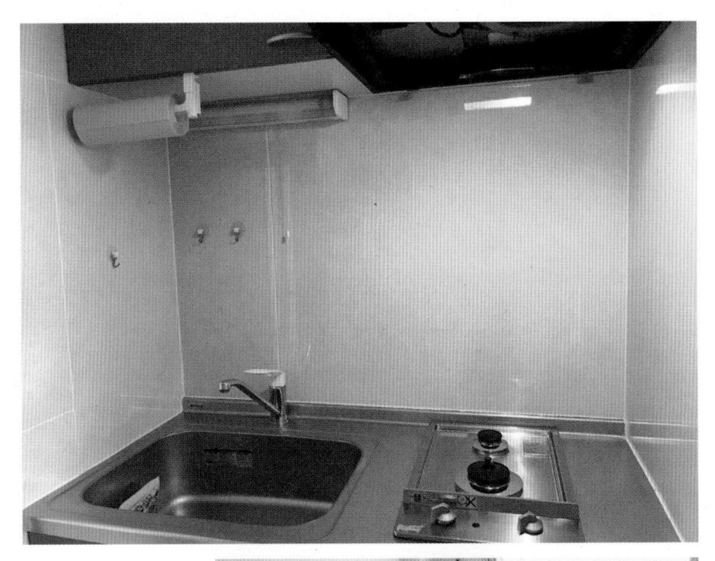

위) 환기팬을 청소할 때는 모든 물건을 정리한다.
왼쪽) 늘 상쾌해서 빨리 돌아가고 싶어지는 집을 꿈꾼다.

개수대 아래쪽을 둘러보았다

오늘은 개수대 아래쪽을 둘러보는 날이라서 부족한 양념을 보충하기도 하고 유통기한이 지난 것이 없는지 확인했습니다. 즉석식품이나 조미료는 무인양품의 화장박스에 정리하고 차나 원두는 전용 수납용기인 캐니스터에 옮겨 담아서 즉시 쓸 수 있게 했습니다. 정리해도 물건이 쉽게 늘어나는 탓에 찝찝한 부분입니다.

평일에는 가능하면 세끼 식사를 직접 만드는데, 각각 제철 식재료를 사용해서 요리합니다. 아침은 거르지 않고 밥을 먹습니다.

위) 개수대 아래쪽은 물건이 늘어나기 쉽다.
왼쪽) 최대한 싸고 맛있는 제철 식재료를 사용해서 밥을 짓고 반찬을 한다.

생활감이 느껴지는 물건은 흰색으로 통일한다

생활감이 잘 느껴지는 물건은 흰색으로 통일해서 시각적으로 깔끔하게 보이도록 했습니다. 우리 집은 현관을 들어서자마자 세탁기가 있어서 세탁세제나 쌓아둔 물건 등을 깔끔하게 보여주는 수납 방법이 없을까 고민한 지 벌써 2년이나 흘렀습니다. 세탁세제는 '바스리에'의 용기 '이레모노'에, 분말세제는 무인양품의 뚜껑이 달린 작은 화장박스에 옮겨 넣었습니다. 설치한 선반에 딱 들어가서 만족합니다.

흰색으로 통일하면 깔끔해 보인다.

PROFILE

▶ 거주지/ 연령/ 직업/ 가족/ 취미
나고야/ 28세/ 회사원/ 독신/ 라이브콘서트 · 음악페스티벌 가기, 로드바이크, 마라톤, 독서

▶ 좋아하는 집안일
빨래, 방에 청소기 돌리기

▶ 싫어하는 집안일
주방의 환기팬 청소

▶ 청소에 대한 자신만의 규칙
날마다 청소기를 돌린다. 주방이 딸린 3평짜리 좁은 공간이므로 최대한 방에 물건을 놓지 않으려고 한다. 물건이 적어서 어질러질 일이 별로 없다.

▶ 일상에서 느끼는 소소한 즐거움
친구와 밥을 먹거나 영화를 본다. 집에서 여유롭게 핸드밀로 원두를 갈아 커피를 내린 뒤 독서를 하거나 드라마 등을 감상한다. 직장과 집만 왕복하지 않도록 적절히 친구와 노는 일정을 넣는 것이 일상의 즐거움이다(독신생활의 특권이라고 생각한다). 그래서 평일엔 집안일을 최소한으로 끝내도록 주말에 청소와 밑반찬 만들기를 빠뜨리지 않는다.

▶ 스트레스 해소법
스트레스를 느끼면 방이 엉망이 된다. 그래서 대강 청소를 하고 깨끗한 상태로 리셋한다. 이것만으로도 충분히 스트레스가 풀린다.

▶ 자기계발을 위해 하는 일
흥미를 느끼는 일에는 계속 도전한다. 작년에는 마라톤, 올해는 영어를 시작했다.

25

미즈호

みずほ

나중으로 미루지 않도록 보이면 즉시 정리한다

➡ 인스타그램 @miiiiii_y

대걸레로 물걸레질. 역시 반들반들한 바닥이 좋다.

제가 좋아하는 집안일은 청소입니다. 청소해서 공기가 깨끗해지면 기분도 상쾌해집니다. 아이가 태어나기 전까지는 청소도 고역이었어요. 하지만 새로운 가족이 생긴 후로는 온 가족이 편히 지낼 수 있는 집을 만들어야 한다는 생각을 하게 됐고, 그것이 계기가 되어 제대로 청소를 하게 됐답니다. 너저분해서 지내기 힘든 집이 되지 않도록, 집안일을 나중으로 미루지 않고 생각나면 바로 하도록 신경 쓰고 있지요 일상생활의 흐름 속에서 사용한 장소를 청소하는 경우가 많습니다.

최근에는 이틀에 한 번씩 대걸레로 물걸레질을 하고 시간이 있으면 마른걸레로 닦습니다. 집에서는 늘 맨발로 지내서 발이 바닥에 들러붙는지 즉시 알 수 있습니다.

또한 세면실은 목욕을 끝내고 머리를 말린 후 수많은 머리카락이 떨어져 있으니 일단 테이프클리너로 세면실 입구의 레일 부분을 청소합니다. 홈이 꽤 지저분하거든요. 날마다 닦아도 반드시 지저분해져요. 아이용 비데 물티슈로 닦을 뿐이지만 날마다 부지런히 닦으면 때가 심하게 타지 않으므로 중요합니다.

세면실 입구의 레일. 때가 심하게 타기 전에 부지런히 깨끗하게 청소한다.

정기적으로 청소해야 하는 창틀

정기적으로 청소하지 않으면 큰일 나는 부분이 바로 창틀입니다. 바비큐를 좋아하는 우리 집은 올해만 해도 몇 번이나 했는지 모를 정도로 자주 불을 피워서 모래먼지에 더해서 재와 톱밥도 엄청나거든요. 레데커의 브러시와 대나무 이쑤시개로 먼지를 긁어내 청소기로 빨아들인 후 비데 물티슈로 싹 닦아냅니다. 그런 다음 마른 종이로 수분을 없애고 마무리로 살균 알코올 세제인 도버 파스토리제 77을 뿌려서 닦으면 끝납니다. 처음에는 탄산수소나트륨 스프레이로 먼지를 제거하려고 했는데 알루미늄 창틀에 알칼리성은 좋지 않고 중성세제가 낫다고 해요. 아직 세제를 쓸 정도로 더러워진 적은 없어서 비데 물티슈로 닦기만 했는데 앞날을 위해서라도 기억해놓아야겠네요. 청소할 때마다 또 지저분해졌다고 느끼는 곳 중 하나입니다.

브러시는 레데커의 핸드브러시. 모래먼지도 확실히 쓸어낼 수 있다.

채소를 썰어놓은 이유

늘 오전에 그날 만들 식단의 채소를 써는데, 시간 여유가 있을 때 변색되지 않는 채소를 미리 썰거나 삶아놓습니다. 이렇게 하면 샐러드나 무침, 곁들이는 채소로 즉시 사용할 수 있어서 편하답니다. 손질을 하면 사흘 이내에는 다 쓰도록 하고 있어요.

썬 채소는 '노다 법랑'이나 무인양품의 밀폐용기에 넣고(쿠킹페이퍼를 깔면 수분을 흡수합니다), 남은 채소는 지퍼백에 보관합니다.

빨리 다 쓰고 싶은 채소는 냉장고의 채소칸 상단에 놓으면 눈에 잘 띄어서 쓰다 만 채소가 상해서 못쓰게 될 걱정이 없어요. 저는 이 방법이 잘 맞습니다.

오늘 시간이 있어서 채소를 많이 썰어둔 덕에 바쁜 내일도 저녁식사 준비가 편할 거예요.

채소를 미리 썰어놓으면 나중에 매우 편하다.

PROFILE

▶ 거주지/ 연령/ 직업/ 가족/ 취미
가나가와 현/ 30세/ 전업주부/ 본인, 남편, 딸 4세, 아들 2세/ 맛집 탐방(맛있는 음식을 먹는 것에 돈을 아끼지 않는다), 요리

▶ 좋아하는 집안일
청소

▶ 싫어하는 집안일
설거지

▶ 청소에 대한 자신만의 규칙
미루지 않는다. 생각나면 하도록 늘 명심해서 나중으로 넘기지 않는다.

▶ 대충 하는 부분과 확실히 하는 부분
남편이 쉬는 날에는 청소를 거의 안 한다. 해도 청소기만 돌리는 정도다. 하지만 요리는 건성으로 하지 않는다. 내가 외출하는 날에는 전날이나 당일 새벽에 할 수 있는 부분까지 만들어놓아서 가족들이 평소대로 먹을 수 있도록 확실히 한다.

▶ 일상에서 느끼는 소소한 즐거움
커피를 매우 좋아해서 아침에 한 잔을 마시고, 아이들이 잠든 후에도 커피타임은 필수다.

▶ 일상에서 느끼는 행복
아이들이 즐겁게 노는 모습을 볼 때. 시간이 있을 때는 최대한 밖으로 나간다.

▶ 일상에서 받는 스트레스와 해소법
전업주부라서 24시간 아이들을 상대해야 하므로 생각처럼 일이 잘 풀리지 않아 갈등하는 경우가 있다. 그럴 때는 남편에게 아이를 맡기고 미용실에 가거나 쇼핑을 해서 혼자만의 시간을 만끽한다.

26

교코
kyoko

자신에게도 손님처럼 대접해야 한다

인스타그램 @kyoooko.a
도쿄 독신 생활東京ひとり暮らし

커튼은 니토리에서 구입했다. 노란색 커튼은 방도 환해져서 추천한다. 침대는 라쿠텐 시장 '와쿠와쿠랜드'에서 구입했다.

물건이 적고 청결하며 상쾌한 공간을 만들고 싶었습니다. 인테리어도 흰색과 베이지색을 바탕으로 해서 밝고 부드러운 색감을 연출했어요. 또 꼭 필요하지 않은 물건은 '사지 않는다, 갖지 않는다, 가지고 들어오지 않는다'는 주의를 실천합니다. 심플하게 사는 것을 좋아해요. 미니멀라이프로 바꾼 후로 청소가 훨씬 편해졌습니다. 청소 횟수가 늘어서 방이 청결해지니 기분이 더욱 편안해져서 좋은 일이 이어지는 것 같습니다.

좋아하는 집안일은 빨래인데 가능하면 햇볕에 말리려고 합니다. 일이 바쁠 때는 저녁에 빨아서 아침에 걷는 편이 집안일의 효율이 좋은 경우도 있지만 역시 햇볕을 쬐어야 태양에너지를 흡수하는 것처럼 기분 좋게 마무리되므로 햇볕에 말리도록 항상 주의합니다.

요리는 좋아하지만 시간을 요하는 일이라서 우선순위가 낮습니다. 하지만 만들어서 파는 음식도 그릇에 옮겨 담거나 도시락통에 채워 넣으며, 구입한 채로 테이블에 내놓지 않습니다.

예전에 읽은 책에 있던 "자신에게도 손님이 집에 왔을 때처럼 대접해야 한다"라는 말이 마음속에 줄곧 남아 있습니다. 그런 생활이 자신을 소중히 하는 것 아닐까요?

소파는 라쿠텐 시장의 '펠리치타', 테이블은 니토리에서 구입했다.

통근용 가방은 바구니에 넣는다.

통근용 가방을 보관하는 장소

니토리에서 바구니를 구입했습니다. 매일 사용하는 통근용 가방은 옷장에 수납하는 것이 귀찮아서 늘 소파에 올려놓았는데 딱 들어가는 바구니를 찾아서 TV 받침대 옆에 놓기로 했습니다. 바구니도 튼튼하고 귀여워서 매우 만족합니다! 게다가 2,000엔을 내고 거스름돈을 받을 만큼 저렴하기까지! 니토리, 고마워요.

관엽식물 덕분에 따뜻함이 생긴다

미니멀한 생활은 공간이 칙칙하고 쓸쓸해 보이기 쉬운데 관엽식물을 놓았더니 방에 피가 통한다고 할까, 확실히 '생활'을 느낄 수 있는 따뜻함이 생겨났습니다. 무인양품의 '벽에 걸 수 있는 관엽식물'은 손질도 간단해서 추천합니다. 인터넷에서 구입했어요.

옆에 있는 패브릭 패널은 천을 구입해서 직접 만들어봤습니다.

조금씩 좋아하는 물건을 늘려서 마음이 편해지는 공간을 만들고 싶습니다.

관엽식물 덕분에 공간이 따뜻해졌다.

되도록 흰색 물건을 사용하고 있다.

화장실은 흰색으로 깔끔하게

우리 집은 좁은 주방이 딸려 있고 화장실과 세면실은 일체형입니다. 어수선하게 보이지 않도록 되도록 화이트톤을 사용하도록 명심하고 있답니다. 수건은 전부 흰색이고 목욕수건은 사용하지 않습니다. 치약 라벨을 바꿀 정도로 철저하지는 않지만 색감을 통일하면 깔끔해 보입니다. 할 수 있는 범위에서 자연스럽고 편안하게 해요.

PROFILE

▶ 거주지/ 연령/ 직업/ 가족/ 취미
도쿄 도/ 30세/ 회사원/ 독신/ 독서

▶ 좋아하는 집안일
빨래

▶ 싫어하는 집안일
요리

▶ 집안일에 관한 장점
손님이 집에 오면 '바닥에 먼지가 없다'고 깜짝 놀란다. 바닥이 하얘서 떨어진 머리카락 등이 눈에 띄는 만큼 청소 횟수도 저절로 늘어난다.

▶ 일상에서 느끼는 소소한 즐거움
독서 시간

▶ 일상에서 느끼는 행복
아침에 상쾌하게 눈뜰 때. 그러기 위해서 저녁식사는 가볍게 한다. 청결하고 빳빳한 시트 속에 들어갈 때. 샤워할 때. 열심히 일한 후 좋아하는 향의 보디클렌저로 몸을 씻을 때는 '오늘 하루 열심히 했다!'라는 기분이 들어 행복해진다.

▶ 바쁠 때
일주일 또는 한 달 동안 휴일이 없는 경우가 있는 직업이지만 바쁜 일을 억지로 이겨내려고 한 적은 없다. 일을 즐기는 게 최고다.

▶ 자기계발을 위해 하는 일
여러 사람과 대화한다. 본받고 싶다고 생각되는 사람뿐 아니라 거북한 사람과도 최대한 소통해서 다양한 이야기를 듣는다.

27

마유
mayu

아이를 우선으로, 청소는 빈 시간에 '동시진행'

➡ 인스타그램 @mayuru.home

부지런히 '동시진행 청소'를 한다.

청소는 기본적으로 좋아합니다. 성취감이 있어서 기분이 상쾌해지기 때문이지요. 하지만 무리는 하지 않고 아이를 우선적으로 생각해서 빈 시간에 하는 것이 저만의 규칙입니다. 부지런히 '동시진행 청소'를 하며 미루지 않으려고 합니다. 청소를 하면서 아로마를 즐기거나 좋아하는 청소용품을 사용하면 기분이 좋아집니다.

출산휴가 후 직장에 복귀할 때 바쁜 매일을 조금이라도 순조롭게 정리하고 싶어서 출산휴가중에 집을 정돈했습니다. 또 때가 타지 않도록 동시진행 청소와 정리 정돈을 하기 쉬운 구조를 만들었습니다. 깔끔해 보이게 하되, 자주 사용하는 물건은 눈에 잘 들어오고 손이 닿는 위치에 보관합니다.

컴퓨터 책상은 몇 년 전에 통신판매 사이트 '니센'에서 구입한 제품.

자질구레한 물건을 넣을 수 있어서 편리하다.

흩어지지 않는 서류 정리

서류 관리는 확실히 해서 흩어지지 않도록 늘 주의합니다.

가전제품 등의 보증서, 취급설명서, 주택설비관계 서류는 파일에 넣어두고 정기적으로 재검토합니다. 마찬가지로 생명보험 등의 서류도 두툼한 것 외에는 무인양품의 재생지 페이퍼 홀더를 사용합니다. 연하장, 카메라 수납도 여기에 합니다. 연하장은 공간이 있는 한 소중히 보관하고 싶습니다.

이 서류들을 수납한 공간은 TV 받침대입니다.

가전제품 등의 보증서, 취급설명서, 주택설비관계 서류는 정기적으로 재검토한다.

TV 받침대에 수납한다.

청소중에도 부드럽고 따뜻한 느낌을 주는 빗자루와 덱 브러시

덱 브러시로 현관 청소

현관과 우드 덱에 쓸 용도로 레데커의 덱 브러시를 구입했습니다. 잘못해서 작은 사이즈를 샀지만 작은 대로 쓸 만해서 그냥 쓰고 있습니다.

현관은 물을 뿌려서 박박 문지릅니다(다 마를 때까지 현관은 열어놓습니다). 공들여 청소할 때는 멜라민 스펀지를 사용해요. 현관용 세제를 사용한 적이 있는데 그것보다 멜라민 스펀지를 사용하니 훨씬 쉽게 때가 벗겨졌습니다.

우드 덱은 물을 뿌려서 박박 문지르기만 하면 되는데, 닦을 때는 늘 〈마녀배달부 키키〉의 주인공이 된 듯한 기분이 듭니다(웃음).

PROFILE

▶ 거주지/ 연령/ 직업/ 가족/ 취미

규슈/ 30대/ 의료관계/ 본인, 남편, 큰아들 4세, 작은아들 2세/ 청소, 수납, 정원 손질

▶ 좋아하는 집안일

청소 전반

▶ 싫어하는 집안일

에어컨 청소

▶ 대충 하는 부분과 확실히 하는 부분

주말에는 외식하러 나가서 잠시 숨을 돌린다. 청소도 못할 때는 무리하지 않고 최소한으로만 정리하고 나머지는 휴일에 한다. 서류 관리를 확실히 한다.

▶ 일상에서 느끼는 행복

아이와 천천히 대화하는 시간이나 가족이 함께 자연스럽게 지낼 수 있는 시간. 평일에는 일찌감치 잠자리에 들어서 이야기를 해주거나 책을 읽어준다. 남편과 단둘이 대화하는 시간도 특별한 시간이다.

▶ 일상에서 받는 스트레스와 해소법

아이의 아침 준비가 순조롭지 않을 때. 아이의 몸 상태가 나쁜데 일을 쉴 수 없을 때. 일하러 가는 것만으로 기분전환이 되고 같은 환경에 있는 동료와 이야기하면 스트레스를 풀 수 있다.

▶ 바쁠 때의 아이디어

정해진 시간 외에 해야 하는 일이 있을 때. 아이의 몸 상태가 안 좋을 때. 남편과 친정어머니가 서로 도와가며 극복한다.

28

미사토

misato

좁은 집이 넓어 보이도록 연구한다

인테리어의 색감을 통일해서 산뜻해 보인다.

인스타그램 @misat_s

임대아파트의 1LDK, 방 한 칸에 거실 · 식당 · 주방이 있는 작은 집에서 부부 둘이서 살고 있습니다. 방이 좁아서 물건을 늘리지 않고 수납을 연구해서 조금이라도 넓어 보이게 했어요.

가구나 인테리어의 색은 흰색, 검은색, 갈색을 선택했는데 같은 색을 사용하면 통일감이 살아나 산뜻한 인상을 주기 때문입니다. 계절 꽃을 장식하면 액세서리가 됩니다. 봄에는 분홍색, 여름에는 초록색 등 계절에 어울리는 색상을 즐길 수 있어서 집의 분위기도 훨씬 달라집니다.

식기는 붙박이장에 이동식 선반을 설치해 수납했습니다. 100엔숍의 정리 선반을 사용해서 공간을 빈틈없이 쓸 수 있게 했어요.

개수대 아래쪽은 서랍 수납장이라서 높이를 효율적으로 활용할 수 있도록 연구했는데 쌀통으로 '옥소'의 사각 밀폐용기를 사용했습니다. 주방도구는 세워서 수납하여 꺼내기 쉽게 했습니다.

선반의 맨 위쪽과 아래쪽은 쓰지 않는 식기나 식품을 보관한다.

개수대 밑의 수납공간에는 쌀통이나 밀폐용기를 넣는다.

주방용품은 케이스에 넣어 깔끔하게 보관한다

냉장고 옆에 달려 있는 흰색 랩 케이스는 라쿠텐 시장에서 구입한 것입니다. 22~30센티미터까지 사용 가능하며 되감기지 않도록 스토퍼가 달려 있습니다. 게다가 하나에 498엔으로 아주 저렴해요! 랩, 알루미늄포일, 쿠킹시트를 넣어서 사용합니다.

자석이 달려 있어서 주방 곳곳에서 쓸 수 있는 것도 장점이며 잘 잘리므로 추천합니다.

냉장고에는 무인양품에서 인기인 주방용 타이머도 붙였어요.

랩 케이스는 한 번에 왕창 구입했다.

세면실은 약간의 틈새도 효과적으로 활용할 수 있다

우리 집의 세면실은 약 0.5평인데 제가 좋아하는 '타워'의 수건걸이는 슬림해서 그대로 놓아도 방해되지 않아요. 본체도 가벼워서 베란다까지 이동하기가 매우 편리합니다.

세탁기 위에 있는 것은 니토리의 라탄 박스로, 세탁기와 벽 사이에는 짧은 받침대를 달아서 옷걸이를 겁니다.

세면실이 좁기 때문에 약간의 틈새도 수납공간으로 사용합니다. 세면대 밑의 뚜껑이 달린 박스는 세리아 제품입니다. 날마다 사용하는 물건을 한데 모아 정리해서 박스별로 꺼내어 쓸 수 있게 했어요.

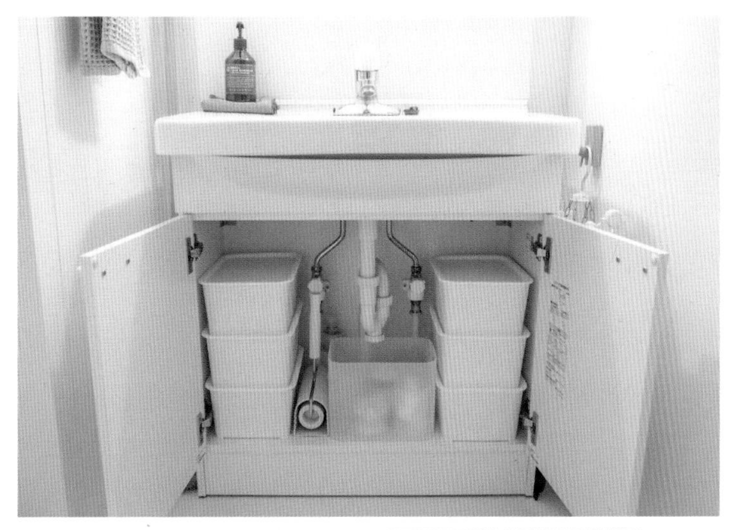

뚜껑이 있는 박스 안에는 화장품과 헤어왁스, 헤어스프레이 등이 들어 있다.

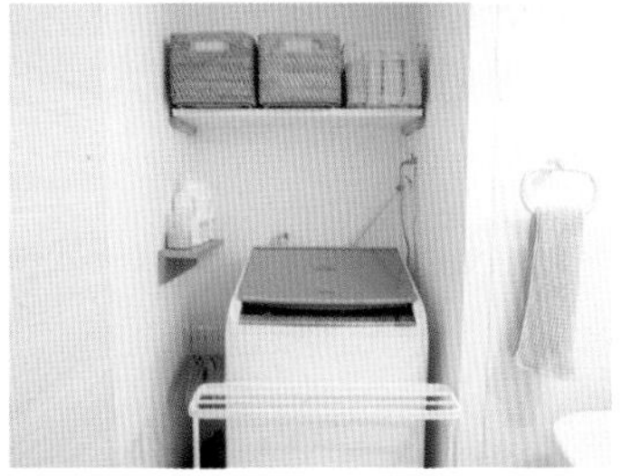

라탄 박스 속에는 비축해놓은 샴푸 종류, 청소도구 등이 들어 있다.

PROFILE

▶ 거주지/ 연령/ 직업/ 가족/ 취미

니가타/ 20대/ 파트타임/ 본인과 남편/ 여행, 카페 나들이, 사진 찍기

▶ 좋아하는 집안일

청소, 빨래. 집이 깨끗하면 기분이 좋고 편안해질 수 있기 때문이다. 침구나 러그는 매주 빨아서 청결을 유지할 수 있도록 한다.

▶ 집안일에 관한 좋은 쪽으로의 변화

좋아하는 도구를 사용한다는 점이다. 의욕이 솟아나서 집안일이 순조로워졌다.

▶ 주거, 인테리어에 관해서

1LDK라는 좁은 집이기는 하지만 좋아하는 가구와 인테리어 덕분에 집에서 보내는 시간이 매우 좋아졌다. 앞으로도 기분 좋게 쉴 수 있는 분위기를 연출할 수 있도록 집 꾸미기를 즐기고 싶다.

▶ 일상에서 느끼는 소소한 즐거움

과자를 만드는 것이다.

간식으로 쿠키를 구웠다.

29

류류

ryuryu

식물에 둘러싸인 느긋한 생활

인스타그램 @ryuryu_home

노란색과 녹색을 좋아한다. 내추럴한 통일감을 연출했다.

자연을 느낄 수 있는 집을 이상으로 삼아 거실과 방, 주방의 어디에서든지 식물이 보이도록 안뜰을 중심으로 하여 집을 꾸몄습니다.

집안일을 다 끝내고 깨끗해진 방에서 안뜰에 심은 식물을 바라보며 차를 마시거나 잡지를 읽는 등 여유를 즐길 때 행복을 느낍니다. 집이 깨끗하지 않으면 진심으로 긴장을 풀 수 없어서 세면대나 변기 닦기, 주방 리셋, 바닥 걸레질은 날마다 반드시 하는 등 더러워지기 쉬운 곳을 중심으로 평소에 부지런히 청소하여 때가 타지 않도록 늘 주의합니다.

전에는 청소를 날마다 스케줄을 짜서 관리했는데 못했을 때 짜증이 나고 죄책감을 느꼈습니다. 그래서 지금은 부담이 되지 않도록 매일 청소할 때 한 군데씩 추가해서 깨끗이 하고 있어요.

이 방법으로 바꾼 후로는 대부분의 장소가 늘 정리되어 있습니다. 덕분에 우리 집에는 이른바 '연말 대청소'라는 말이 없습니다. 또한 갑작스럽게 손님이 찾아와도 집에 지저분하지 않나 하고 불안해하는 일이 사라졌답니다.

좋아하는 테라스에서 식사할 때도 있다.

남편의 귀가시간에 맞춰서

아로마오일을 떨어뜨린 냉수와 온수에 수건을 담가둔다. 계절에 맞춘 방법으로 피로를 풀어주기까지 시행착오를 겪었다.

남편의 귀가에 맞춰서 여름에는 차가운 수건, 겨울에는 따뜻한 수건을 준비하고 실내복을 따뜻하게 데워놓는 등 일상생활을 조금 풍요롭게 만들었습니다.

예전에 제가 동아리 활동을 끝내고 돌아왔을 때 어머니가 아이스박스에 넣어 차갑게 한 수건을 건네준 일이 계기였습니다. 매우 기분 좋았던 것이 지금도 기억날 정도여서 저도 흉내를 내봤어요. 날마다 열심히 일하는 남편이 조금이라도 피로를 풀 수 있게 계속하고 있는데, 피로가 싹 풀린다며 좋아해줍니다.

결혼 10년차. 즐겁거나 괴로운 일이 있으면 맨 먼저 들려주고 싶은 상대가 남편이랍니다. 어느 때든지 내 편을 들어줘서 또 열심히 해야겠다는 생각이 듭니다. 제가 남편에게 고마움을 전하는 방법 중 최고는 집안일을 열심히 해서 기분 좋은 집을 만드는 것이니까, 앞으로도 연구해서 노력하고 싶습니다.

허브의 즐거움

안뜰 테라스에서 꽃과 허브를 키우며 장식이나 요리에 사용합니다.

며칠 전에 피로가 쌓여서 목욕물에 허브라도 넣어서 피로를 풀까 하고 생각했는데, 마침 아이가 "엄마, 목욕물에 허브를 넣고 싶어요" 하고 사랑스럽게 부탁을 해왔답니다. 그래서 테라스의 허브들(로즈마리, 애플민트, 레몬타임, 라벤더)을 싹둑 잘랐지요. 라벤더가 아주 예쁘게 피었습니다. 그건 그렇고 이 아이와는 신기할 정도로 생각하는 것이 닮았다는 느낌에 기분이 좋아졌어요. 신선한 허브는 정말로 향기가 좋답니다.

허브티를 즐긴다.

목욕할 때 넣어서 허브 목욕. 좋은 향기로 피로가 풀린다.

PROFILE

▶ 거주지/ 연령/ 직업/ 가족/ 취미

동일본/ 전업주부/ 본인, 남편, 큰아들, 작은아들/ 피아노, 정원 손질

▶ 좋아하는 집안일

남편의 귀가에 맞춰서 여름에는 차가운 수건, 겨울에는 따뜻한 수건을 준비하고 실내복을 따뜻하게 데워놓는 등 일상생활을 좀더 풍요롭게 하는 방법을 도입하고 있다.

▶ 일상에서 느끼는 소소한 즐거움

꽃이나 허브를 키워서 장식이나 요리에 사용하는 것. 휴일 저녁, 아이들이 잠든 후에 남편과 테라스에서 시간을 보내는 것.

▶ 일상에서 받는 스트레스와 해소법

낮에는 아이들에 맞춰서 생활하고 저녁에는 심야에 귀가하는 남편에 맞춰서 집안일을 하는 탓에 아무리 해도 힘든 순간이 있다. 늘 누군가에게 맞춰서 일해야 해서, 가끔씩 나만의 시간에 움직이고 싶다고 공연히 생각할 때가 있다. 너무 노력했나 싶을 때는 아이들을 재운 후 집안일을 하지 않고 여유롭게 커피를 마시며 잡지를 읽는 시간을 내려고 한다.

▶ 자기계발을 위해 하는 일

여행지에서 멋진 공간을 발견하거나 맛있는 음식을 먹으면 집에서도 재현해보려고 시행착오를 거듭한다. 자격증 시험공부를 해보기도 한다.

30

가오리

kaori

수납을 한 번 제대로 하면 계속 도움이 된다

인테리어는 깔끔하고 심플하게 하고 싶다.

인스타그램 @hibiiro

공부하는 공간.

좋아하는 집안일은 수납입니다. 한 번 수고해서 제대로 해놓으면 계속 도움이 되거든요. 확실하게 치우면 머릿속을 정리할 수 있고 집안일 시간 단축으로도 이어집니다.

초등학생 때부터 인테리어 잡지를 보는 것을 좋아해서 수납을 서서히 즐기게 되었답니다.

전보다 부지런히 청소하게 되어 꼼꼼함과 '동시진행 청소', '다른 일을 하는 김에 청소'의 중요성을 실감했지요.

청소기는 아침에 가능한 한 일찍 돌립니다. 빨래하기 전 수건으로 주위를 만지듯이 닦아서 청소하는데, 주방의 행주로 주방, 거실 등을 닦고 화장실 수건으로 화장실의 조명이나 창틀 등을 닦습니다. 세면실의 수건으로 거울 및 세면대를 닦습니다.

욕실 배수구의 거름망은 되도록 그날 안에 비워서 뚜껑을 덮어놓는데 이렇게 하니 분홍곰팡이가 생기지 않아요. 환기팬 청소는 두 달에 한 번 합니다.

동시진행 청소나 다른 일을 하는 김에 하는 청소는 무리 없이 계속할 수 있는 것이 장점입니다.

세면실 수납을 추가했다

수납에 있어서는 가장 먼저 장소를 확실히 결정하도록 신경을 쓰는데, 얼마 전에 세면실의 벽 두께를 이용한 고정 수납공간에 선반을 추가했습니다. 원래는 흰색 선반이 달려 있었어요. 선반을 추가 주문하면 금액이 꽤 든다는 말을 들었기에 홈센터에서 커팅 서비스를 받아 원목 선반 2단을 추가했습니다. 금액은 철물과 합해서 1,000엔 정도 들었어요. 신기하게도 흰색뿐이었을 때보다 훨씬 밝아 보입니다.

빨래집게와 빨래망의 보관 방법을 바꿨더니 시간이 단축되었다.

늘어난 원목 칸에는 빨래에 사용하는 소품(빨래집게와 빨래망), 목욕수건을 수납했습니다.

우리 집 세면실은 1평이라서 추가한 원목 선반 2단은 귀중한 수납공간이 되었답니다.

빨래 말리기가 쾌적해졌다!

방에 빨래를 널어도 쾌적하다

원하던 실내건조대를 구입했습니다. 화창한 날에는 우드 덱에 내놓고, 비가 오는 날에는 욕실에 들어가는 사이즈라서 욕실 건조기로 말립니다.

실내건조대를 사려고 마음먹게 된 계기가 있었어요. 집을 점검하러 온 분이 욕실의 바를 보며 "저기에 이것저것 걸지 마세요. 무게 때문에 부서진 집이 있어요."라고 한마디 하더군요. 충격이었습니다. 늘 한가득 매달아놓았거든요. 바가 부서지면 슬픈데다 수리비용도 만만치 않을 거라는 생각이 들어 건조대를 구입하게 되었습니다.

실제로 사용해보니 빨래를 말리는 데 걸리는 시간도 줄어서 만족합니다. 겨울 추위, 장마 등에 맞서 늘 활약해줄 것 같아요.

PROFILE

▶ 거주지/ 연령/ 직업/ 가족/ 취미

효고 현/ 아르바이트/ 본인, 남편, 딸 7세/ 한 달에 세 번 요가, 인테리어나 수납에 대해 생각하기

▶ 좋아하는 집안일

수납

▶ 수납에 대한 자신만의 규칙

수납을 너무 세분화하지 않는 것. 상자별로 분류하지만 상자 속까지는 정리하지 않는다. 가족이 사용하는 물건은 특히 꺼내거나 보관하기 쉽도록 늘 주의한다.

▶ 일상에서 느끼는 소소한 즐거움

소파에 앉아서 정원을 바라보며 즐기는 티타임 (겨울에는 밀크티나 감주, 여름에는 직접 만든 시럽을 넣은 소다수).

▶ 일상에서 느끼는 행복

무슨 일이 있어도 맛있는 음식을 먹거나 잠을 실컷 자면 기분전환을 할 수 있다.

▶ 일상에서 받는 스트레스와 해소법

아이가 떼를 쓸 때, 또는 일을 질질 끄는 스스로에게 스트레스를 느낀다. 친구와 수다를 떨거나 잠을 푹 자거나 맛있는 음식을 먹어서 스트레스를 푼다. 또한 인스타그램이나 인터넷 등에서 수납 및 청소에 관한 기사를 읽고 의욕을 높여서 방을 반짝반짝하게 정리하는 방법도 스트레스가 풀린다.

▶ 자기계발을 위해 하는 일

사진촬영과 소통 능력을 연마하고 싶어서 인스타그램을 시작했다.

31

슈
shu

정리하거나 방에 대해 생각하는 것을 좋아한다

오늘은 출근 전에 어떻게든 치웠다. 집에 돌아왔을 때의 기분이 달라진다.

➡ 인스타그램 @shu3sun3sun

위) 방 한쪽의 장난감 보관 장소. 아이가 성장함에 따라 장난감도 줄어들어서 상단 두 개, 중간단 두 개, 하단 한 개가 비었다.
아래) 수납은 흰색으로 통일해놓으면 깔끔해 보인다. 아이리스 오야마 제품.

집안일 중에는 청소, 정리, 빨래를 좋아합니다. 열심히 한 만큼 깨끗함이 눈에 보여서 성취감이 있거든요. 퇴근해서 안심할 수 있는 집, 차분해지는 집, 모두가 기분 좋게 지낼 수 있는 집을 만들고 싶어서 청결함을 유지할 수 있도록 물건을 최소화하고 바닥에 물건을 직접 놓지 않는 등 늘 주의합니다.

저만의 규칙은 청소를 오전에 하는 것이에요. 오후에 하면 어쩐지 의욕이 생기지 않거든요. 그리고 다른 일을 하는 김에 할 수 있는 일은 그 자리에서 하려고 합니다. 예를 들어 양치하고 세수한 김에 세면대를 닦고, 사용한 수건으로 그 주변에 튄 물방울이나 먼지를 닦은 후 세탁기에 던져 넣어요. 화장실에 들어간 김에 바닥을 닦고, 변기에 앉아 있는 동안 휴지로 화장실용 안전 손잡이나 휴지걸이의 먼지를 닦습니다.

반드시 해야 한다고 생각하면 부담감이 생기는데 다른 일을 하는 김에 하면 습관이 되어 청결함을 쉽게 유지할 수 있습니다.

대충 정리하는 곳도 많지만 할 수 있을 때 할 수 있는 일을 합니다. 평일에는 청소기를 돌리지 않을 때도 많아요. 단 빨래는 확실히 하고 있지요. 날마다 안 하면 다음 날 큰일이 일어나니까 아무리 날씨가 궂어도 빨래만큼은 꼭 합니다. 제습기, 건조기가 엄청나게 활약해요.

로봇청소기가 나타났다

귀여운 아이가 나타났어요. 사실은 집을 비운 사이에 청소기를 돌려야겠지만, 움직이는 걸 계속 보고 있어도 질리지 않습니다. 로봇청소기 원조는 부담이 너무 커서(주로 가격 면에서), 모양과 가격을 보고 선택했어요. 아니, 모양뿐 아니라 후기도 좋았거든요. '에코백스'의 '디봇'입니다. 바닥에 납작 엎드려서 침대 밑을 들여다보며 청소기를 밀어 넣던 일에서 벗어나게 되었습니다. 이 아이의 등장으로 바닥에 물건을 놓는 건 훨씬 더 싫어질 것 같아요.

로봇청소기는 보고 있어도 질리지 않는다.

주방의 음식물쓰레기는 신문지에 싸서 버린다

몇 년 전부터 음식물쓰레기를 모아두는 삼각 코너는 사용하지 않습니다. 어차피 그것 자체를 정리해야 하는데, 그러기가 번거로워서요. 조리중에 생기는 음식물쓰레기는 오래된 신문을 접어 그 위에 올려놓아요. 정리할 때 신문지째 말아서 작은 비닐봉지에 넣어 버린답니다. 신문지가 수분을 흡수해 주는 덕분인지 기분 나쁜 악취도 거의 난 적이 없습니다. 무엇보다 삼각코너를 치우지 않아도 되는 것이 좋아요.

원래 내추럴 계열의 색감이던 개수대 수납장에는 흰색 시트지를 붙였습니다. 0.9×2.1미터짜리를 두 롤 사용했습니다. 한 롤에 1,500엔이었으니 3,000엔으로 완성한 셈입니다.

원래 주방은 갈색이었는데 시트지를 붙였다.

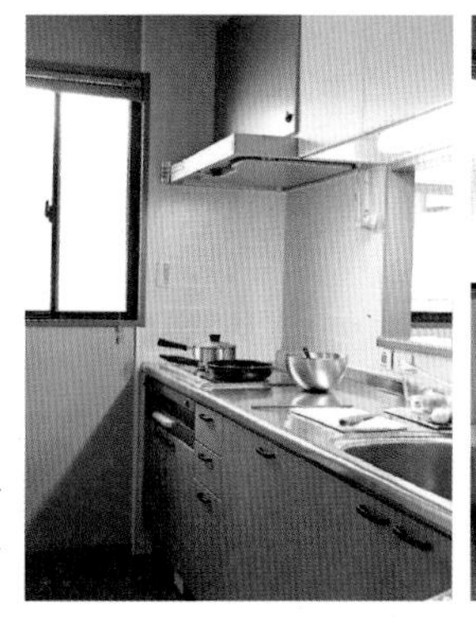

큰아들 방은 늘 대체로 정리되어 있다

큰아들 방입니다. 제가 청소기를 돌리지만 나머지는 손대지 않아요. 하지만 언제 봐도 이런 느낌으로 정리되어 있지요. 좋은 경향입니다. 큰아들이 초등학교 저학년일 때 저와 둘이서 옷장 안까지 전부 정리해 보관 장소를 정한 후로 이렇게 유지되고 있습니다. 이 방의 물건은 대체로 니토리에서 구입하여 통일했습니다.

아이들도 직접 방을 정리하고 빨래를 개며 물건의 정위치를 함께 정했기에 뭐가 어디에 있는지 스스로 이해할 수 있게 되었습니다.

책상 밑에 깐 매트를 슬슬 바꿔줄까 생각중이다.

PROFILE

▶ 거주지/ 연령/ 직업/ 가족/ 취미

미에 현/ 40대/ 간호사/ 본인, 남편, 큰아들(중1), 작은아들(초3)/ 잡화점, 카페 나들이

▶ 좋아하는 집안일

청소, 정리, 빨래

▶ 싫어하는 집안일

요리 전반

▶ 청소에 대한 자신만의 규칙

청소는 오전에 한다.

▶ 확실히 하는 부분

처음에 물건의 정위치를 정한다. 아무 생각 없이 원래대로 놓기만 해도 정리되므로 결국에는 편하다.

▶ 일상에서 느끼는 소소한 즐거움

일터에서 돌아와 '사람을 못쓰게 만드는 소파'에 드러누워서 멍하니 모빌을 바라볼 때.

▶ 일상에서 느끼는 행복

아이들이 사이좋게 거실에서 노는 모습을 볼 때.

▶ 일상에서 받는 스트레스와 해소법

집이 어수선할 때. 5분이라도 열중해서 치우면 깔끔하다.

▶ 바쁠 때의 아이디어

아침에 아이들을 학교에 보내기 전… 그래도 전날 할 수 있는 준비를 해놓으면 편해진다. 가능하면 바쁘다는 말은 쓰지 않도록 한다. 어떻게든 된다. "뭐 어때?"라는 말을 가장 좋아한다.

▶ 자기계발을 위해 하는 일

늘 긍정적으로 지내려고 주의한다. 신경 써서 고맙다는 말을 자주 사용한다.

32

메이
may

청결하고 환한 흰색이 좋다

밝은 인테리어를 좋아한다.

➡ 인스타그램 @may_m0516

밝은 분위기가 느껴지는 흰색을 좋아해서 카페 같은 인테리어를 꿈꿨습니다. 또 흰색은 때가 잘 타서 늘 깨끗하게 해야겠다는 생각을 유지할 수 있습니다.

무엇보다 '표백, 살균'을 매우 좋아하는데 흰색일 경우 '물빠짐'을 걱정할 필요가 없어요(웃음).

배색을 포함해 통일감을 중요시해서 제 이미지에 맞지 않는 아이템은 연구해서 고치거나 페인트칠을 하는 등 DIY를 즐깁니다.

집에 돌아오면 안심이 됩니다. 집이 제가 가장 편히 쉴 수 있는 공간으로 변신했어요. 바빠서 분주한 나날이 계속될 때도 주방을 정리하거나 바닥을 간단히 닦는 시간에 조금씩 자신을 되찾고 마음도 차분해집니다. 이처럼 청소는 저에게 소중한 시간이랍니다.

위) 이미지에 맞지 않는 아이템은 DIY를 할 때도 있다.
왼쪽) 흰색은 때가 잘 타서 늘 깨끗하게 해야겠다는 생각을 유지할 수 있다.

냉장고 문의 수납공간을 정리했다

오늘은 냉장고 문의 수납공간을 정리할 예정입니다. 전에는 마요네즈나 소스가 떨어지면 곧장 다시 채워 넣었는데 최근에는 귀찮아져서 그만두었습니다. 세리아의 플라스틱 조미료 용기는 편리해서 계속 사용하고, 액체 조미료의 경우 용기에 내용물이 흘러 나와서 이와키의 유리 용기로 바꿨습니다. 이제 서랍을 떼어내고 가장 좋아하는 '살균'을 할 것입니다. 냉장고를 청소할 때는 표백제 '하이터'를 희석해서 행주로 닦은 후 도버 파스토리제 77과 키친타월로 다시 한 번 닦는 것이 기본입니다. 청소는 질보다 횟수라고 생각하는데 정말로 횟수가 중요해요.

살균 청소를 좋아한다.

이불커버는 쾌속 코스로 두 번 빤다

매번 이불커버를 벗길 때 솜먼지가 모서리에 쌓이는 것이 신경 쓰였습니다. 그래서 먼저 뒤집어서 쾌속 코스로 빤 다음에 다시 뒤집어서 겉면을 다시 한 번 속성 코스로 빱니다. 테이프클리너를 사용해보기도 했는데 역시 빨아야 깨끗해져요. 귀찮지만(웃음). 요즘처럼 바짝바짝 잘 마르는 시기에는 평소에 빨지 못한 큰 빨랫감도 기분 좋게 빨 수 있어서 좋아요.

쾌속 코스로 두 번 빤다.

식기건조대도 행주도 필요 없다

제가 기분 좋게 살기 위해서 집안일을 편하게 할 수 있는 부분은 철저히 편하도록 연구합니다. 예를 들어 설거지의 경우, 전에는 다 씻은 식기를 일단 식기건조대에 놨습니다. 거기서 건조대를 없애고 행주 위에 놓다가 지금은 더 진화해 '소일 규조토' 위에 올려놓게 되었습니다. 전에는 욕실 매트로 사용했는데 물을 잘 빨아들여서 식기건조대로 사용할 수 있을 것 같아 직접 사용해보니 정답이었어요. 씻은 그릇이 순식간에 마른답니다.

규조토 매트 위에 설거지한 그릇을 올려놓는다.

PROFILE

▶ 거주지/ 연령/ 직업/ 가족/ 취미

도쿄 세타가야 구/ 주부/ 아들, 딸/ 드라이브, 쇼핑, 독서

▶ 좋아하는 집안일

패브릭 종류(베개커버 등)의 세탁. 빨아서 청결한 이불에서 잠자는 것을 매우 좋아하기 때문이다. 어질러진 물건을 정리하는 것도 정리하는 동안 조금씩 내가 활기를 찾는 기분이 들어서 좋다.

▶ 집안일에 관한 좋은 쪽으로의 변화

내가 기분 좋게 살기 위해서 집안일을 전보다 더 많이 하게 되었다. 편하게 할 수 있는 부분은 철저히 편하도록 연구한다.

방에 맞춰 크리스마스트리를 이케아에서 새로 샀다. 펠트를 원형으로 잘라서 트리 스커트를 직접 만들었다.

33

야마구치 유코

山口裕子

주방이 상쾌하면 마음도 안정된다

아들딸, 조카들과 함께 부모님에게 성묘하러 간 날의 아침밥. 나도 노력할 테니 부디 지켜봐달라고 기도했다.

➡ 인스타그램 @cafeho_me

주방 청소와 정리 정돈을 좋아합니다. 아침에 집을 나서기 전에 주방 개수대와 가스레인지를 깨끗이 닦아서 리셋한 후 외출합니다.

일과가 주방에서 시작해서 주방에서 끝나는 주부에게, 주방을 상쾌하게 하는 것은 기분까지 안정시키는 것 같아요. 주방을 난삽한 채로 두고 외출한 날에는 차분히 일에 임하지 못해요.

언제였는지 확실하지 않지만 아침 일찍 깨서 아무 생각 없이 주방 청소를 시작했더니 일이 순조롭게 진행되었습니다. 산뜻하고 깨끗하게 치운 뒤 집을 나섰더니, 그날은 기분에 여유가 생겨서 저 자신이 자랑스럽고 자신감이 높아져서 여러 가지 일을 긍정적으로 생각할 수 있었습니다. 당연히 일의 효율도 좋아서 그날 하루가 아주 만족스러웠어요. 그날부터 미신을 믿는 것처럼 청소를 계속하고 있습니다.

위) 우리 집 창문에는 커튼을 달지 않았다. 그래서 작은 창문을 선택했다.
왼쪽) 짬날 때 부지런히 청소해서 너무 때가 타지 않도록 하려고 명심한다.

안심하고 쉴 수 있는 집

어떤 기분으로 집에 돌아와도 현관을 열고 들어서면 안심할 수 있고 안정을 되찾을 수 있는 집이 제 영원한 테마입니다.

현관에 들어와 왼쪽 계단을 올라가면 거실, 오른쪽은 욕실인데, 여기서 올려다보면 마음이 놓입니다. 곡선과 직선, 서로 섞인 점과 선, 빛이 들어오는 모습. 건축설계사가 정말로 대단하다고 느낍니다. 매우 좁은 공간인데 다른 세상이 펼쳐지는 느낌이 들어요.

계단의 돌 타일은 직접 붙여서 추억이 가득하다.

안심할 수 있는 공간을 만들고 싶다.

그릇을 매우 좋아한다

저는 그릇을 매우 좋아해서 매년 도기 시장을 기대합니다. 거친 표면이나 도톰한 질감을 좋아합니다. 조만간 제가 원하는 모양, 질감, 색감의 그릇을 만들고 싶습니다. 광택이 없는 매트한 머그컵을 직접 만들어서 아침에 그 컵으로 커피를 마시는 시간을 갖는 것이 저의 소소한 꿈이랍니다.

그릇을 좋아해서 수집한다.

왼쪽) 우리 집의 팬트리.
위) 냉장고는 독신생활용처럼 보이는 크기다.

팬트리와 작은 냉장고

팬트리를 정리 정돈했습니다. 우리 집은 식기수납장이 없어서 팬트리가 없으면 물건이 넘쳐납니다.

게다가 팬트리 안에 있는 우리 집 냉장고는 혼자 사는 대학생이 쓸 법한 사이즈입니다. 5인 가족이 산속에서 생활하는데도요.

큰 사이즈의 냉장고를 계단으로 반입할 수 없었던게 문제였습니다. 그럼 차라리 이 점을 긍정적으로 생각해, 식료품을 너무 많이 사서 버리는 일이 생기지 않도록 한꺼번에 장을 보지 않겠다는 나만의 규칙을 세웠습니다. 이 냉장고로 바꾼 후 곤란함을 느끼는 일은 의외로 적습니다. 10년이 지났는데 아직 잘 돌아갑니다.

PROFILE

▶ 거주지/ 연령/ 직업/ 가족/ 취미
야마나시 현/ 40대/ 치위생사/ 본인, 남편, 큰딸 22세, 아들 20세, 작은딸 18세/ 요가 월 2회, 카페 나들이, 목공 DIY

▶ 좋아하는 집안일
주방 청소와 정리 정돈

▶ 싫어하는 집안일
다림질

▶ 집안일에 관한 좋은 쪽으로의 변화
일과 병행하는 생활이라서 귀가 후 무리하게 움직이려고 하면 오래 지속하지 못한다. 집에 돌아온 후에는 몸을 쉬게 하고 아침시간을 충분히 활용한다.

▶ 일상에서 느끼는 소소한 즐거움
집에 반드시 식물을 놓는다. 소나무 종류는 실내 분위기를 바꿔준다.

▶ 일상에서 느끼는 행복
귀가해서 소파에 앉았을 때 정말로 치유된다. "오늘도 좋은 하루를 만들겠다. 노력해서 소중하게 보내겠다"라고 날마다 외친다. '좋은 하루가 되기를 바란다'가 아니라 내 힘으로 좋은 날을 만들겠다는 맹세다. 그래서 일도 육아도 날마다 노력해서 하루를 소중히 보낸다. 그때그때 노력하며 하루를 보내면 자신이 자랑스럽고 매일 행복을 느낄 수 있기 때문이다.

▶ 자기계발을 위해 하는 일
기분을 안정시켜서 평온하게 살려면 몸이 소중하다고 느껴서 요가를 시작했다.

34

다니가와 시즈카

谷川静香

청소 습관을 들여준 부모님께 감사한다

인스타그램 @sizuka02112617

한 곳을 정리하면 다른 곳도 정리하고 싶어진다.

임대한 집이라서 모두가 편안하고 상쾌하게 생활할 수 있도록 늘 주의합니다.

아침에 일어나서 정리된 집을 보면 매우 기분 좋게 하루가 시작됩니다. 쾌적해져서 다른 곳도 정리하고 싶은 마음이 듭니다. 특히 바닥 청소를 좋아합니다. 알코올 스프레이 도버 파스토리제 77을 뿌린 후 빛에 닿아서 깨끗한 바닥을 보면 기분도 상쾌해집니다. 깨끗해 보이던 바닥이라도 닦아보면 의외로 지저분해서, 그걸 보면 이만큼 깨끗해졌다는 생각에 후련해집니다. 청소를 습관으로 하게 해준 부모님께 감사드립니다.

청소하기 쉽도록 가능하면 물건을 늘어놓지 않으려고 합니다. 아이의 장난감도 장난감 전용 서랍을 만들어 그곳에 정리하게 합니다.

향기가 좋아서 주방세제와 화장실세제, 주거용 세제는 머치슨흄을 사용한다. 핸드워시도 사고 싶지만 이번 달은 참아야 한다.

욕조든 방이든 상쾌하고 깨끗하게

욕조 덮개 등을 떼어내서 오랜만에 청소했는데 기분이 상쾌해져서 좋았습니다.

바쁘다는 이유로 청소를 건너뛰지 않는 것이 저만의 규칙입니다. 딸도 깨끗한 방을 보면 기분이 좋다고 말해준답니다. 자신에게 잘 맞는 방법을 찾아서 청소든 요리든 좋아하게 되면 좋겠어요.

청소가 겨우 끝났다.

욕조도 깨끗하게.

주방의 배수구를 청소했다

주방 배수구를 청소했습니다. 원래 설치된 거름망은 그물눈이 작고 금세 더러워져서 청소하기 힘들었어요. 100엔숍에서 찾은 배수구 거름망으로 바꾼 후 비치된 덮개를 분리해봤더니 스트레스가 사라졌습니다. 집안일을 마친 후에 반드시 덮개 아래쪽까지 분리해서 청소해야 하루가 종료됩니다. 그럴 때 제 마음은 매우 상쾌해집니다. 마지막 파스토리제를 뿌리면 끝! 하루의 끝은 이 상태가 되어야 산뜻하기 때문에 모두가 잠든 후에 조용히 청소합니다.

기존에 설치돼 있던 거름망은 씻기 힘들어서 바꿨다.

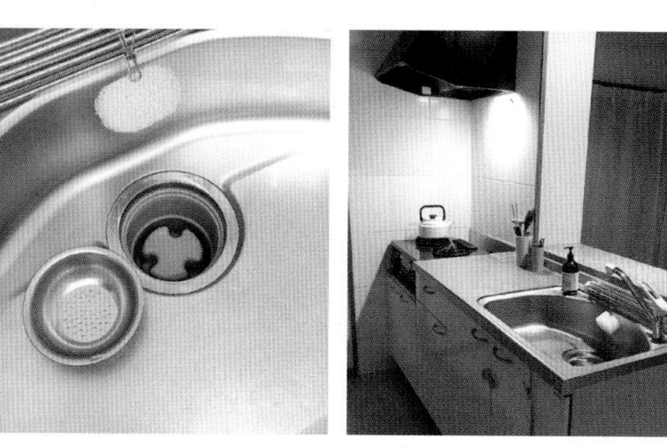

배수구 덮개 밑까지 청소했더니 깔끔하다.

PROFILE

▶ 거주지/ 연령/ 직업/ 가족/ 취미

오이타 현 오이타 시/ 20대/ 주부/ 남편 29세, 본인 28세, 큰딸 6세, 아들 4세, 작은딸 1세/ 좋아하는 가게에서 잡화 구경

▶ 좋아하는 집안일

바닥 청소

▶ 싫어하는 집안일

욕실 청소

▶ 대충 하는 부분과 확실히 하는 부분

요리는 어떻게 하면 단시간에 할 수 있는지만 생각한다(웃음). 채소의 경우 냉동할 수 있는 것은 잘라서 냉동하고, 잎채소는 심을 도려낸 다음 키친타월을 적셔서 심 부분에 대고 랩으로 싸서 보관한다.

▶ 일상에서 느끼는 소소한 즐거움

조용한 아침에 커피를 마시는 일부터 시작한다.

▶ 일상에서 느끼는 행복

아이의 자는 얼굴이다. 자는 얼굴을 보면 내일도 열심히 해야겠다고 힘을 얻을 수 있다.

▶ 일상에서 받는 스트레스와 해소법

아이가 셋이라서 육아를 도울 손이 부족한 탓에 날마다 순식간에 시간이 지나간다. 스트레스를 푸는 방법은 청소. 청소를 해서 방이 깨끗해지면 안정을 찾는다.

▶ 바쁠 때

아침의 등교 · 등원 시간이다. 밤에 각자의 옷 등을 준비해서 직접 할 수 있는 일은 최대한 스스로 하도록 부탁했다.

PART 3

음식을
소중하게 즐기기

많은 채소와 제철식재료를 사용하자.
음식을 즐기는 방법은 무한하다.
따라 해보고 싶은 아이디어가 한가득

35

마음의 씨앗 야스요

こころのたね。yasuyo

주말에 반찬을 미리 만들어놓는다

직접 만든 시로다시[육수용 맑은 간장], 멘쯔유[면요리용 맛간장], 사과잼/ 뼈 있는 정어리와 푸른차조기잎 완자(냉동보관용)/ 치즈가루와 마요네즈를 넣은 버섯볶음/ 수제 맛가루(무잎, 멸치, 견과)/ 반숙달걀조림(멘쯔유소스)/ 사과잼과 크림치즈를 넣은 찐빵/ 뿌리채소로 만든 똠얌밀크수프/ 버터넛호박 소금버터볶음/ 닭가슴살튀김(미리 준비, 냉동보관용)/ 그릴에 구워 유자후추 미소를 얹은 대파/ 케첩소스를 바른 생목이버섯 완자/ 브로콜리 홀머스터드무침/ 감자와 두꺼운 유부 조림/ 참깨소스를 곁들인 우엉과 치즈를 넣은 고기말이/ 연근칩/ 검은콩조림/ 연근과 당근, 무의 단식초절임(유자향)/ 찐 밤/ 적양배추 마리네이드/ 감과 무와 오이의 국물식초무침/ 시금치 참깨 봄나물

인스타그램 @kokoronotane
몸에 좋은 밥과 정성을 들인 생활
身体に優しいごんと丁寧な暮らり
https://ameblo.jp/y-kokoronotane/

주말에 반찬을 한꺼번에 2~3일 치 미리 만들어놓습니다. 아침에 약한 저로서는 꼭 해야 하는 일입니다. 아침에는 도시락통에 담기만 하면 되고 제 점심식사 준비도 시간을 단축할 수 있거든요.

요리뿐 아니라 개성 있는 그릇에 플레이팅을 하는 시간도 좋아합니다. 바쁜 나날을 보내면 아무래도 이런저런 일을 대충 하기 쉽지만 평소에 약간의 시간을 스스로에게 상으로 주고 싶습니다. 인생은 한정된 시간이라는 것을 늘 염두에 두었더니 짧은 시간이라도 소중하게 생각하며 즐길 수 있게 되었습니다.

오늘도 한군데로 모아서 점심식사. 만든 음식은 고구마 초귤 조림과 한입 크기의 토끼주먹밥.

점심밥. 미리 만들어둔 반찬 여러 가지와 두부와 채소를 넣은 미소시루, 맛가루를 넣은 발아효소현미밥, 사과잼·감·포도를 곁들인 요거트 밀크젤리.

이번 주의 미리 만들어둔 반찬

사진은 이번 주에 미리 만들어둔 반찬입니다. 날마다 도시락 2인분과 제 점심용으로 쓰이며, 초절임과 냉동음식 외에는 2~3일이면 다 먹습니다.

토요일 아침에 한꺼번에 장을 보고, 금요일 밤에는 재료를 다 사용해서 냉장고가 텅텅 빈 상태입니다. 서서히 줄어드는 모습이 기분 좋아요. 즉시 쓰지 않는 고기나 생선, 채소는 잘라서 냉동해놓으면 바로 꺼내 쓸 수 있어서 편리하며 낭비를 막을 수 있습니다.

반찬으로 사용하는 채소류는 일단 눈에 띄는 것을 구입한 뒤 그중에서 즉흥적으로 골라 만듭니다.

직접 만든 시로다시, 멘쯔유, 키위잼, 감잼, 맛가루(유자후추, 참깨)/ 반숙달걀조림(멘쯔유와 생강)/ 탄두리치킨/ 씨를 뺀 매실과 푸른차조기잎을 넣은 전갱이튀김(미리 준비, 냉동 보관용)/ 방어 무 조림/ 만간지고추의 누룩간장 산초구이/ 고구마와 사과를 넣은 찐빵/ 호박 레몬 조림/ 밤 모양 햄버그/ 초귤 큰실말 초절임/ 부추 부침개/ 병아리콩과 참치 샐러드/ 당근 허브 샐러드/ 장식 래디시/ 꿀과 버터를 넣은 우엉 소테/ 적양배추무침/ 문어초절임/ 멘쯔유와 가다랑어포를 넣은 소송채무침/ 연근과 당근과 무의 단식초절임(유자향)/ 검은콩조림

미리 만들어둔 반찬을 모아서 점심식사

이날의 점심식사는 목이버섯을 듬뿍 넣은 중국식 수프, 누룽지, 발아효소현미 주먹밥, 키위, 감, 잼과 과일을 곁들인 요거트였습니다.

목이버섯을 듬뿍 넣은 중국식 수프.

밤 모양 햄버그와 3색 주먹밥.

PROFILE

▶ 거주지/ 직업/ 가족/ 취미 특기
교토/ 푸드 코디네이터, 핸드메이드 작가/ 본인, 남편, 아들(사회인), 딸(고2)/ 요리, 핸드메이드 제품, 고가구, 다이쇼시대에 대한 로망, 그릇, 인테리어…

▶ 음식에 대한 고집
자연환경에서 자란 몸에 좋은 식재료를 사용하도록 신경을 쓴다. 유기농 채소, 저농약·발효식품 등.

▶ 좋아하는 메뉴
최근에는 오로지 발아현미로 만드는 효소현미에 빠져 있다. 찰기가 있어서 맛있고 소량씩 천천히 씹으면 과식도 방지할 수 있어 몸에 좋다. 영양도 듬뿍.

▶ 일상에서 느끼는 소소한 즐거움
낮에 혼자 먹는 밥과 하루의 끝에 하는 반신욕으로 혼자만의 시간을 만끽한다.

▶ 일상에서 느끼는 행복
최근에는 별일 없는 평범한 생활을 할 수 있는 것에 행복을 느낀다. 아이들의 웃음소리를 들을 때와 애완견과 놀 때 등.

▶ 자기계발을 위해 하는 일
바쁜 일상 속에도 나만의 시간(반신욕 등)을 최대한 만들려고 신경 쓴다.

미리 만들어놓는 음식은 이틀에 나눠서

반찬을 한 번에 만들면 힘든 탓에 이틀에 나눠서 만듭니다. 그래도 편하다고 말하기는 어렵네요. 첫째 날은 초절임과 냉동음식, 둘째 날에 그 외의 음식을 만듭니다. 이틀 동안 총 3시간이 이상적이지만 이번처럼 크로켓이 추가되면 역시 4시간은 걸려요.

직접 만든 시로다시, 멘쯔유, 누룩간장, 맛가루(멸치, 매실)/ 반숙달걀조림(카레소스)/ 초코 바나나 찐빵/ 두부완자반죽(냉동보관용)/ 누룩간장과 가다랑어포를 넣은 소송채무침/ 미소소스 꼬치구이(검은깨미소, 누룩미소)/ 호박크로켓(미리 준비, 냉동보관용)/ 두부깨버그/ 고구마 고기말이, 데리야키 산초/ 참치마요네즈로 속을 채운 표고버섯구이/ 유부와 무 조림/ 쑥갓 땅콩크림무침/ 된장에 버무린 톳과 고기/ 찐 밤/ 감자샐러드/ 양하와 숙주의 단식초미소무침/ 육수에 담근 토마토와 아스파라거스/ 적양파 마리네이드/ 연근과 당근과 무의 단식초절임(유자향)/ 검은콩조림

유리용기를 사용해서 보이는 수납

미리 만들어놓는 반찬은 이와키의 내열유리 용기에 넣습니다. 속이 보이므로 냉장고에서 꺼낼 때 즉시 알 수 있어 편리합니다. 오븐에서도 사용할 수 있어요.

직접 만든 시로다시, 멘쯔유, 단식초/ 시금치 허브 소테/ 반숙달걀조림(멘쯔유소스)/ 수제 맛가루(캐슈넛, 라유)/ 초코칩을 넣은 말차찐빵/ 꽁치조림/ 납작새우튀김(미리 준비, 냉동보관용)/ 적피망과 유부 단식초 미소볶음/ 찐 밤/ 닭간조림/ 고구마 초귤 조림/ 호박고기말이/ 토마토벌꿀무침/ 가늘게 썬 곤약 매실조림/ 양하 단식초절임/ 적양배추무침/ 꽈리토마토/ 검은콩조림/ 연근과 당근과 무의 단식초절임(유자향)

이번 주에도 파이팅!

이번 주에도 힘을 냈습니다. 총 4시간 정도 걸렸네요. 오늘부터 며칠 동안 아침에 편히 지낼 수 있습니다. 완자반죽은 그때그때 상황에 따라 수프에 넣거나 햄버그로 만들거나 속재료를 넣고 겉을 감싸는데, 일단 이 상태로 냉동합니다.

수제 감주/ 감주와 코코넛밀크 젤라토/ 꽈리토마토/ 코코아와 딸기잼을 넣은 찐빵/ 수제 시로다시/ 파를 듬뿍 넣은 완자반죽(냉동보관용)/ 수제 맛가루(멸치, 산초)/ 반숙달걀조림/ 수제 멘쯔유/ 고구마와 우엉 볶음/ 매실 오이 치킨 롤/ 연한 미소소스의 치즈를 넣은 유부구이/ 여주 타스타아게[간장과 미림 등으로 밑간을 하여 녹말가루를 묻힌 튀김](미리 준비, 냉동보관용)/ 만간지고추와 가다랑어포 간장구이/ 호박참치춘권(냉동보관용)/ 검은콩조림/ 어묵탕/ 달걀을 넣은 미트로프/ 연근과 당근과 무의 단식초절임(유자향)/ 붉은차조기숙주나물/ 참치와 당근의 홀머스터드샐러드

양파와 파프리카를 넣은 오픈오믈렛/ 수제 감주, 누룩간장, 맛가루(매실, 톳, 멸치)/ 염장토마토/ 치즈찐빵/ 수제 시로다시/ 부추완자반죽(냉동보관용)/ 반숙메추리알조림(멘쯔유)/ 블루베리와 포도(냉동보관용)/ 큰실말 매운 식초무침/ 오크라와 당근과 푸른차조기잎 고기말이/ 참치 아몬드 튀김(미리 준비, 냉동보관용)/ 배추와 참치 조림/ 수제 멘쯔유/ 소송채와 투구새우 소테/ 시금치 땅콩크림무침/ 참깨 고등어 카레 뫼니에르/ 문어모양 비엔나소시지볶음/ 당면과 당근과 염장다시마의 중국식 무침/ 버섯과 토마토를 넣은 똠얌꿍수프/ 적양배추 마리네이드/ 누룩간장과 가다랑어포를 넣은 오이무침/ 연근과 당근과 무의 단식초절임(유자향)/ 검은콩조림

소박한 치즈찐빵 레시피

자주 만드는 찐빵. 열이 식으면 보관용은 랩으로 싸서 냉동해놓습니다. 먹을 때는 랩에 싼 채로 전자레인지에 몇 초만 돌리면 됩니다! 그러면 폭신폭신한 느낌이 살아납니다.

【재료】(지름 18센티미터 정도의 찐빵 1개 분량)

박력분 ··· 150g
첨채당 ··· 50g
베이킹파우더(알루미늄 무첨가 제품) ··· 2작은술
두유 ··· 140ml
유채기름(겨기름 등을 써도 된다) ··· 2작은술
치즈(슈레드 타입이든 덩어리 타입이든 상관없다) ··· 50~60g
미림 ··· 1큰술
설탕 ··· 1작은술
삶은 완두콩 ··· 취향에 따라 약간

【조리법】

① 나무 찜통에 쿠킹시트를 깔고 찜통 냄비에 물을 끓여 놓는다.
② 볼에 박력분과 첨채당, 베이킹파우더를 넣고 거품기로 잘 섞는다(체에 내리지 않아도 된다).
③ 다른 볼에 두유와 유채기름을 넣고 거품기로 20초 정도 섞는다.
④ ③의 볼에 ②와 치즈를 넣고 고무주걱으로 전체에 잘 배어들 정도로 섞는다(치즈가 없어도 괜찮다).
⑤ 쿠킹시트를 깐 나무 찜통에 ④의 반죽을 넣어서 뚜껑을 닫고 찜통 냄비에 올린다.
⑥ 중불로 25분 동안 찌면 완성.

36

교코
きょこ

어머니가 요리를 좋아해서 먹보로 자랐다

인스타그램 @kyoko_plus

'오다테공예사'의 둥근 나무 도시락통. 속을 채우는 일이 즐겁다.

어머니가 요리를 좋아해서 덕분에 먹보로 자랐습니다. 지금도 친정에 가면 식탁에 온갖 반찬이 즐비해서, 어머니를 따라잡으려면 아직도 멀었구나 하며 늘 반성합니다.

그릇 선택도 어머니의 영향을 받았는데 요리를 멋진 그릇에 담으면 의욕이 솟아납니다. SNS에서 요리를 잘하는 친구들의 사진을 보며 자극을 받기도 합니다. 식단은 좀처럼 생각나지 않아서 애를 먹어요. 집 근처 모서리를 돌 때까지 생각나지 않을 때도 있지요(웃음). 메인만 정하면 나머지는 편해서, 고기는 여러 종류를 한꺼번에 사놓고 언제든지 뭔가 만들 수 있게 합니다. 생선을 먹을 기회가 좀처럼 없어서 일주일에 한 번은 신선한 생선을 판매하는 슈퍼에 가서 구입하려고 신경을 씁니다.

평소에는 부부의 식사와 남편의 도시락을 만듭니다. 특히 둥근 나무 도시락통을 구입한 후로는 날마다 도시락 싸기가 즐거워졌습니다. 배색을 고려하면 자연스럽게 균형도 좋아지고, 도시락통 효과로 평범한 반찬이 맛있어 보입니다.

어느 토요일에 만든 도시락 3인분.

운동회 도시락

운동회 도시락. 찬합에 채워 넣는 스타일도 균형을 고려해서 만드는 것이 즐겁습니다.

장을 볼 목록 작성과 메뉴 결정은 이틀 전에 합니다. 간단히 도시락 그림을 그려서 어디에 무엇을 담을지 미리 떠올려봅니다.

재료는 전날 구입하러 갑니다. 전날 저녁식사를 준비하면서 도시락도 미리 준비합니다. 전날 마지막까지 만든 것은 감자샐러드, 달콤한 고구마조림, 가지와 연근의 단식초무침, 반숙달걀조림(달걀샌드위치용 달걀도 함께 삶았어요). 미리 튀김용 닭고기를 잘라 양념해두었고, 새우도 껍질을 벗겨서 술과 녹말가루를 묻혀놓았으며, 데친 오크라와 파프리카를 돼지고기로 말아놓았습니다.

전날 9시 반에 취침해서 운동회 당일에는 새벽 4시 반부터 작업을 시작했습니다. 채소를 데치고 밥을 짓고 튀김에 집중합니다. 프라이팬이 너무 지저분해지지 않는 것부터 순서대로 만들었습니다(달걀프라이→비엔나소시지→칠리새우→미트볼). 마지막에 소면을 삶으면 끝입니다.

유부초밥에 시간을 들여서 6시 20분 무렵에 속을 채웠습니다. 아이들이 6시 반에는 일어나기에 조금 초조했어요. 온 가족이 일어나자마자 빠른 속도로 시간이 지나가는 이유는 무엇일까요?(웃음) 7시 반에 속 채우기가 끝나서, 사진을 찍은 후에 씻고 옷을 갈아입으며 준비했습니다. 8시 반부터 개회식! 하지만 자리 잡기에서 밀린 탓에 결국 구석에서 먹었습니다(웃음).

맨 위는 디저트. 탱글탱글한 푸딩과 포도 3종류.
제일 왼쪽은 찬합에 다 넣지 못한 분량.
한가운데는 소면을 고들고들하게 삶아서 반숙달걀조림과 채소를 얹어 100엔숍에서 구입한 뚜껑 달린 디저트 컵에 넣었다. 가운데 오른쪽은 양념치킨, 프라이드치킨, 쪽파 달걀구이, 비엔나소시지, 유부초밥.
하단 왼쪽은 햄양상추샌드위치와 달걀샌드위치. 하단 오른쪽은 감자샐러드, 달콤한 고구마조림, 미트볼과 브로콜리, 방울토마토, 춘권(생협), 칠리새우, 치즈와 차조기를 넣은 원통형어묵, 오크라와 파프리카의 고기말이, 옥수수, 가지와 연근 단식초무침.

PROFILE

▶ 거주지/ 연령/ 직업/ 가족/ 취미
가고시마 현/ 30대/ 회사원(법률사무보조원)/ 본인, 남편, 큰아들 11세, 작은아들 8세/ 과자 만들기, 가족 캠핑, 독서

▶ 음식에 대한 고집
친정에서 아버지가 취미로 가정텃밭을 가꾸고 있어서 거기서 나는 제철 식재료로 요리하려고 한다.

▶ 요리에서 좋아하는 것
도시락 만들기. 특히 둥근 나무 도시락통을 구입한 후로는 날마다 도시락을 만드는 일이 즐거워졌다.

▶ 요리에서 싫어하는 것
쌀 씻기와 설거지한 식기를 식기건조대에 잘 넣는 것이 어렵다(웃음).

▶ 일상에서 느끼는 소소한 즐거움
아이들이 잠든 후 차를 마시며 도서관에서 빌린 책을 읽거나 밀린 드라마를 볼 때. 그 시간을 짜내기 위해서 목욕하는 동안 세탁기를 돌려서 바로 말릴 수 있게 하는 등 민첩하게 움직인다.

▶ 자기계발을 위해 하는 일
일주일에 한두 번씩 헬스클럽에 다닌다. 헬스클럽에 가는 날은 아침에 저녁식사를 준비해놓고 운동 후 집에 돌아오자마자 밥을 먹을 수 있게 한다. 또한 사무업무로 컴퓨터 앞에 앉아 있는 시간이 길어서 늘 눈에 들어오는 손끝은 최대한 청결히 하도록 신경을 쓴다.

두껍게 썬 버터 토스트. 밭에서 따 온 바질로 바질소스를 만들고 오늘 아침에는 감자와 비엔나소시지를 볶아봤다.

아침식사는 단백질과 채소를 섭취

아침식사는 접시 하나에 빵이나 수프, 샐러드, 달걀 요리를 올리고 과일이나 요거트를 곁들이는 양식 스타일을 좋아합니다.

반드시 단백질과 채소를 섭취할 수 있게 고려해서 만듭니다.

주말에는 팬케이크가 좋은 평가를 받습니다. 테플론 가공한 팬케이크팬이나 무쇠프라이팬이나 바탕은 똑같은데, 무쇠프라이팬으로 구운 것이 훨씬 더 폭신폭신해서 깜짝 놀랐답니다. 보온력도 있어서 그대로 테이블에 내놓고 마지막까지 따뜻하게 먹었습니다.

왼쪽) 한때 열중해서 구웠던 버터롤. 건포도를 넣은 것과 초코칩을 넣은 것.
왼쪽 아래) 주말에 늘 먹는 팬케이크.
오른쪽 아래) '가야노야'의 육수로 만든 죽순밥. 냄비로 지어서 '기소'의 밥통에 옮겨 담았다.

늘 엄청 기대해줘서 고맙게 생각한다.

합동 생일파티를 위한 생일케이크

화려한 장식이 저절로 생각나게 마련인 2단 케이크.

"친구가 우리 집에서 생일파티를 하고 싶대요." 큰아들이 이야기하더군요. …잠깐만, 근데 누구 생일파티니?(웃음)

작년에 우연히 케이크를 만들어줬는데 엄청 좋아한 모양이에요. 큰아들도 포함해서 7, 8월에 생일인 아이가 많다고 하기에 합동 생일파티를 하기로 했습니다. 이번에는 여자아이도 온다는데… 게다가 큰아들이 좋아하는 아이라고 해서… 처, 청소도 해야겠네!(웃음)

저녁에 과일을 손질해두었다가 아침에 케이크 사이에 넣은 후 생크림을 바르고 장식했습니다. 생크림을 바르는 기술이 서툴러서 덕지덕지 바르고 장식으로 눈속임을 해봤습니다. 나머지는 아이들에게 맡기고 어쩔 수 없이 출근했답니다. 사실은 뒤에서 몰래 엿보고 싶었지만요.

모두 함께 들쑤셔가며 먹었는지 큰아들이 매우 즐거워 보였어요(웃음).

이날의 아침밥은 달걀프라이와 사 온 빵, 아이들이 요청한 떡 등. 밤에는 바비큐를 했다!

최근에는 캠핑이 유행이다

최근 우리 집에서는 캠핑이 유행입니다. 주말에 캠핑일정을 잡아놓으면 그것을 목표로 열심히 일할 수 있어요.

이날은 1박2일 캠핑여행이었는데 평소와 똑같은 식단이라도 밖에서 먹는 밥은 특별해서 대화도 신이 납니다. 평소보다 더 잘 도와주는 것 같기도 하고요(웃음). 우리 집은 아들만 둘인데 머지않아 따라다니지 않을 것이라고 생각하므로 지금 이 시간을 실컷 즐기고 싶습니다.

37

미요시 사야카
三好さやか

평소의 식탁도 캠핑요리도 즐긴다

인스타그램 @insta.sayaka
Sayaka's Life
http://www.project-k.co.jp/reading/

구운 채소에 고르곤졸라 드레싱, 훈제치킨, 콘수프, 카레와 난, 훈제연어를 넣은 그린샐러드.

바냐 카우다[마늘, 안초비, 올리브오일 등을 넣고 만든 이탈리아의 따뜻한 디핑소스]와 치킨그라탱.

향신료를 뿌린 고기를 메인으로 했다.

스키야키와 주먹밥.

식사는 될 수 있는 한 직접 만들고 방부제를 넣지 않은 재료를 선택하려고 늘 명심합니다. 고기나 채소, 생선 등 균형 잡힌 식사를 차려낼 수 있도록 노력해요. 고기나 생선은 날마다 번갈아 사용해서 균형을 잃지 않도록 주의합니다.

캠핑에서 먹는 음식도 즐거움 중 하나입니다. 자연 속에서 먹는 음식은 최고로 맛있어요. 평소의 주방과 다르면 좀 분주해지지만 아웃도어 요리의 폭을 넓히고 싶습니다.

어묵탕과 국수로 겨울 식탁.

오늘은 어묵탕

오늘은 닭뼈와 채소를 우려낸 육수와 가다랑어와 다시마 육수를 합친 어묵탕입니다.

날씨가 추워지면 먹고 싶어지는 어묵탕. 내일은 더 맛있게 먹을 수 있을까요?

감자는 딸이 유치원 수업에서 캐 왔습니다. 껍질째 쪄서 육수에 담갔어요. 술안주로도 잘 어울려요! 잘 먹었습니다.

간단한 스테이크덮밥으로 실컷 먹은 날.

오늘은 스테이크덮밥

오늘 저녁은 굽기만 하면 돼서 간단한 스테이크덮밥을 만들었습니다.

곁들인 채소는 피망과 주키니호박튀김 샐러드. 포토푀는 닭 세 마리 분량의 뼈와 채소를 푹 끓여 육수를 제대로 우려냈습니다. 잔뜩 만들어도 순식간에 사라집니다.

아이가 매우 좋아하는 햄버그

아이들은 햄버그를 가장 좋아해요. 아이들과 함께 만들었습니다. 푹 조리는 햄버그는 패티를 비교적 두툼하게 만들어야 하는데 아이들이 너무 작게 만든 탓에 보통 크기로 만들도록 가르쳐야 했답니다. 우리 집 특제 데미그라스소스를 뿌리고 달걀프라이를 올렸고, 콘수프와 콜리플로레(스틱 콜리플라워) 샐러드를 곁들였어요.

아이들도 매우 좋아하는 우리 집의 햄버그.

PROFILE

▶ 거주지/ 연령/ 직업/ 가족/ 취미

홋카이도 삿포로 시/ 30대/ 대표사원/ 본인, 남편, 딸 6세, 아들 3세/ 캠핑, 테이블 코디네이트, 레시피 개발

▶ 음식에 대한 고집

균형 잡힌 식사.

▶ 가족에게 인기 있는 메뉴

가족에게 인기 있는 메뉴는 테마키즈시[손말이초밥]. 직접 만들 수 있어서 아이들도 좋아하는 것 같다. 또 햄버그는 부동의 1위.

▶ 못하는 요리

과자 만들기가 좀 어렵다(웃음).

▶ 도전해보고 싶은 요리

현재 요리 동영상 촬영에 참여하고 있는데, 당뇨병이나 신장병 환자에게 좋은 레시피를 개발했다. 정말로 힘들어하는 분들에게 힘이 될 수 있는 식사를 만들 수 있게 더욱더 도전하고 싶다. 현대인은 염분 과다섭취 경향이 있기에 그런 메뉴에서 배우는 부분도 많다.

▶ 대충 하는 부분과 확실히 하는 부분

가끔은 외식하러 간다. 너무 피곤할 때는 무리하지 않는다. 절대로 모든 것을 완벽하게 해내려고 생각하지 않는다. 즐기면서 집안일을 하고 있다.

고기를 채워 넣은 피망

오늘은 고기를 채워 넣은 피망입니다. 직접 만든 토마토소스로 시간을 들여서 푹 조렸습니다. 나머지는 죽순과 버섯을 넣고 지은 밥, 두부와 유부를 넣은 미소시루, 절임입니다. 홋카이도산 원료 100퍼센트의 고구마소주 '황금의 동면'이 함께했습니다.

고기를 채워 넣은 피망. 수제 토마토소스로 만들었다.

돼지목심 데리야키

오늘의 저녁식사는 토마토와 간 무를 곁들인 돼지목심 데리야키. 부추달걀수프, 일본식 아스파라거스와 브로콜리 샐러드, 큰실말초절임. 호평을 얻은 데리야키랍니다. 토마토와 간 무를 곁들이면 돼지목심이 아주 맛있어요!

저녁 밥상에는 캔들을 빠뜨릴 수 없다.

갓 튀겨낸 정어리

오늘의 저녁식사는 정어리튀김과 바지락을 넣은 미소시루입니다. 사진에는 없지만 이 다음에 감자튀김도 만들었습니다. 역시 갓 튀긴 음식은 맛있어요! 어제 바지락파스타와 어니언 그라탱 수프를 만들었는데, 남은 바지락으로 미소시루를 끓였습니다.

흰 쌀밥이 술술 넘어간다.

맛있는 소고기 고추잡채

오늘은 가미시호로 지방의 소고기를 호화롭게 사용한 고추잡채입니다. 육질이 매우 좋아서 살짝 구워 달걀노른자를 올리고 육회 같은 느낌으로 만들어 먹었습니다! 지금까지 먹은 고추잡채 중에서 가장 맛있었어요!

지금까지 먹은 고추잡채 중 최고였다.

38

리~♡

り～♡

포만감 듬뿍, 풍부한 장식

➡ 인스타그램 @riritantan

발포주/ 배/ 배추와 삼겹살 밀푀유/ 양파를 넣은 달걀맑은장국(아카다시)/ 멕시칼리튀김과 원통형 어묵튀김/ 명란감자샐러드/ 멸치를 얹은 밥, 언제나 먹는 두꺼운 달걀말이/ 아보카도김치튀김

고기, 생선, 채소를 균형 있게 사용해서 포만감이 넘치며 풍부하게 장식한 요리를 고집합니다. 친정이 초밥집을 했기에 아버지에게 영향을 받았습니다. 하지만 사실 생선뼈를 잘 바르지는 못해요.

남편이 일하는 평일에는 그릇에 예쁘게 담으려고 신경 쓰지만, 주말에는 뷔페스타일로 큰 접시에 대충 담아냅니다. 또 혼자 먹는 음식은 플레이팅도 대충 합니다.

지내는 시간이 많은 거실과 주방은 늘 깨끗이 치워놓는 것이 저만의 규칙입니다. 갑자기 손님이 와도 당황하지 않도록 청소는 평소에 확실히 하려고 합니다.

요리는 전반적으로 좋아하지만 예전에 손가락까지 갈아버린 적이 있어서 무를 가는 일이 어려워요. 앞으로는 빵이나 과자 만들기에 도전해보고 싶습니다.

이날은 보관해놓은 미트소스로 도리아를 만들었다. 맥주/ 오렌지/ 포타주수프/ 대충 만든 샐러드/ 저먼포테이토/ 프라이드치킨/ 미트소스 도리아.

고기를 듬뿍 넣은 커틀릿카레

아키타견을 도그쇼에 내보내기 위해 날마다 훈련과 관리를 하고 있는데 오늘은 비바람이 심하게 몰아쳤습니다. 그래도 개들은 평소대로 산책하러 가고 싶어해서 우비를 입고 나갔습니다. 좀 참아주지.

저녁밥은 고기를 듬뿍 넣은 커틀릿카레였습니다. 카레에 작게 자른 고기를 넣은데다 커틀릿까지 곁들여서 고기 마니아 가족이 굉장히 만족해하는 카레랍니다. 모양은 뭐라고 표현하기 그렇지만 맛은 훌륭해요!

호박수프/ 스패니시 오믈렛/ 감자샐러드/ 커틀릿카레/ 발포주/ 오렌지

올해 처음 먹은 어묵탕

저녁식사로 올해 들어 처음으로 어묵탕을 먹었습니다. 건더기를 너무 많이 넣어서 한펜을 넣을 수 없었어요. 어묵탕을 먹는 날은 식단에 어려움을 겪는데 오늘은 말린 고등어를 곁들였습니다.

냄비 크기를 완전히 잊어서 금방이라도 넘칠 듯한 어묵탕이 되고 말았습니다. 원통형어묵 치쿠와부는 간토 지방 한정인가요!? 저는 좋아하지만 못 먹는 사람도 많은가봐요. 어묵이 메인 요리인데 가다랑어포 주먹밥이 맛있었답니다!

어묵탕/ 말린 고등어/ 나중에 올린 한펜/ 치쿠와부/ 늘 먹는 두꺼운 달걀말이/ 가다랑어포를 듬뿍 넣은 주먹밥/ 순무절임/ 발포주

핸드 블렌더를 구입했다

브라운사의 멀티퀵 9 핸드 블렌더로 미트소스를 만들었습니다. 버튼만 한 번 눌렀더니 간단하게 만들어졌습니다. 앞으로 계속 사용하려고 합니다.

오렌지/ 맥주/ 포타주수프/ 연근과 치즈를 얹은 난 피자/ 치킨너겟/ 대충 만든 샐러드/ 미트소스 스파게티

PROFILE

▶ 거주지/ 직업/ 가족/ 취미
간토 지방/ 전업주부/ 본인, 남편, 첫째딸 14세, 둘째딸 9세, 막내딸 8세/ 애견인 아키타견을 도그쇼에 내보내기 위해 날마다 훈련과 관리를 하고 있다.

▶ 좋아하는 집안일
요리

▶ 가족에게 인기 있는 메뉴
나고야풍 닭날개튀김이나 두꺼운 달걀말이가 아이들에게 인기가 있다.

▶ 도전해보고 싶은 요리
빵 만들기

▶ 식단을 결정하는 방법
머릿속에 떠오른 메인 요리를 스마트폰에 메모하고 빈 시간에 반찬을 생각해서 일주일치 식단을 짠다.

▶ 음식에 대해 전환점이 된 사건
날마다 좋아해주기를 바라며 요리를 하는데 정작 남편은 시큰둥하다. 누구라도 좋으니 만든 요리를 봐줬으면 하고 인스타그램에 올리기 시작했다.

▶ 일상에서 느끼는 소소한 즐거움
애견과의 스킨십

▶ 일상에서 느끼는 행복
하루의 집안일을 끝내고 저녁 반주를 마실 때. 아이들의 취침시간은 정확히 지킨다.

▶ 일상에서 받는 스트레스와 해소법
아이들의 싸움. 아무 말 없이 요리를 만들며 스트레스를 푼다.

▶ 자기계발을 위해 하는 일
손윗사람의 이야기를 잘 들으려고 한다.

걸쭉한 콘수프/ 데리야키치킨 난 피자/ 귤/ 생햄과 갈릭치즈, 바게트/ 바냐 카우다/ 일식 정어리통조림과 새송이버섯 파스타

뚝딱 만든 저녁밥

냉장고에 재료가 적을 때나 피곤해서 시간을 들이고 싶지 않을 때는 파스타를 만들어서 대충 준비합니다. '심플 토마토 파스타'와 '일식 정어리통조림 파스타'를 자주 만듭니다.

이날은 장을 보러 가지 않아서 집에 있는 재료로 만들었다. 라임 칵테일/ 수박/ 대충 만든 샐러드/ 유기농 콩으로 만든 스파이시 수프/ 호박 베이컨 갈릭버터 소테/ 스패니시 오믈렛/ 봉골레 로소

타르타르소스를 듬뿍 올린 치킨난반

치킨난반[간장과 식초로 양념한 닭튀김]에 듬뿍 올리는 타르타르소스를 만드는 방법. 전부 적당히 만든 레시피랍니다(웃음).

삶은 달걀 ························ 원하는 만큼
다진 스위트 피클 ················· 적당량
다진 양파 ························ 적당량
마요네즈 ························· 적당량
피클 국물 ························ 적당량
레몬즙 ··························· 소량
파슬리 ··························· 적당량
소금, 후추 ······················· 적당량

맥주/ 복숭아/ 호박샐러드/ 베이컨과 새송이버섯 갈릭버터 볶음/ 뱅어포밥/ 배추 미소시루/ 치킨난반과 곁들인 샐러드

아이의 요청에 따라

아이의 요청으로 이날 저녁밥은 가파오[태국요리인 팟 카프라오, 바질볶음의 일본식 표현]라이스를 만들었습니다. 특히 작은딸이 매우 좋아해요. 물론 저도 엄청 좋아합니다!

우리 집은 아이를 위해 매운맛을 줄이지 않고 본연의 맛으로 먹게 합니다. 맵다고 하면서도 밥 한 그릇을 더 먹습니다. 스위트 바질이 아니라 홀리 바질을 사용하면 훨씬 제대로 만들 수 있습니다.

지마 술/ 오렌지/ 당근 솜땀/ 새우 생햄말이/ 태국식 해산물수프/ 가파오라이스

포도 칵테일과 과일/ 새우 아히요와 바게트/ 포타주수프/ 대충 만든 샐러드/ 버섯과 연근을 넣은 일식 파스타

집에서 만든 아히요

이날은 애견을 키우는 친한 멤버들과 바비큐를 했습니다. 마음이 잘 맞는 사람들과 함께하는 것은 나이가 들어도 즐겁네요. 저도 모르게 과음했지만, 오늘도 당연히 마실 거예요.

아히요[스페인식 마늘소스]를 집에서 만들면 많이 먹을 수 있습니다. 아히요만 먹어도 충분히 맛있어요!

생선조림 정식

지인이 신선한 생선을 줘서 '생선조림 정식'을 만들었습니다. 생선조림에 사용하라고 하기에 순순히 조림을 만들었지만 이 생선이 무슨 종류인지 인터넷에서 검색해봐도 모르겠습니다. 초밥집 딸인데(웃음). 볼락이나 벤자리인 듯하네요(웃음). 맛있었습니다.

오렌지/ 누룩소금으로 만든 두꺼운 달걀말이/ 브로콜리 참치 폰즈 샐러드/ 원통형 어묵튀김/ 오이절임/ 명란밥/ 생선조림/ 무를 넣은 유부 미소시루

저녁은 간단한 중국음식

이날은 성묘를 하고 왔습니다. 오봉명절이라서 친척 집에 가니 어쩐지 어릴 때로 돌아간 듯한 신기한 느낌이 들더군요.

저녁식사는 간단한 중국음식이었습니다. 볶음밥에 마파두부라고 하면 기본 중국음식이지만 실컷 먹을 수 있는 메뉴이기도 해요!

그레이프프루트 칵테일/ 키위/ 고기경단/ 대충 만든 춘권/ 완탕수프/ 볶음밥/ 마파두부

39

사카모토 지나미

坂本ちなみ

봄에는 봄, 가을에는 가을, 제철음식을 섭취한다

인스타그램 @chinamisakamoto

갓 딴 채소로 만든 각양각색 채소초밥. 소금물에 데친 것이 많다. 여러 가지 드레싱을 뿌려 먹었다.

워터멜론래디시(빨간 무) 샐러드

채소를 보면 뭔가 하고 싶어지는 병에 걸렸다. 그린 오픈샌드위치.

채소는 가능한 한 무농약 채소를 직접 재배하고 있습니다. 채소를 키워보며 채소가 지니는 현실감이 강렬하다는 사실을 알았습니다. 먹은 음식이 몸을 만든다는 단순한 사실을 사계절을 통해 배웠습니다. 직접 기른 채소와 허브를 사용해서 만든 요리를 가족과 친구들이 맛있다고 해줄 때 행복합니다.

요리의 경우 부모님에게 영향을 받았습니다. 어릴 때부터 봄에는 죽순이나 고사리 · 뱀밥 등 산나물 채취, 여름에는 수박 쪼개기와 은어 낚시, 가을에는 버섯 따기와 밤 줍기를 했고, 겨울에는 설음식을 만드는 방법을 배웠습니다. 그런 일들이 요리를 좋아하게 된 계기가 되었습니다. 또한 초등학생 시절 친구와 들풀을 꺾어 소꿉놀이를 할 때도 어머니는 잘 잘리는 칼을 쓰라며 진짜 칼을 건네주었습니다.

아이가 태어난 후로 전보다 영양을 신경 쓰게 되었습니다. 직접 재배를 시작한 계기도 식생활 교육에 있습니다. 봄에는 봄에 딸 수 있는 것, 가을에는 가을에 수확한 것 등 제철의 식재료를 섭취하도록 늘 주의합니다.

뭔가를 만들 때 가장 행복하다

아침식사용의 컬러풀한 오픈샌드위치. 바닥에는 크래커를 깔고, 타프나드[블랙올리브, 케이퍼, 앤초비 혹은 참치에 올리브오일을 넣고 갈아 만든 프랑스식 페이스트]와 참치마요네즈 등을 발랐습니다. 뭔가를 만들 때 가장 행복해서 심장이 두근두근 뛴답니다.

채소와 과일로 만든 컬러풀 오픈샌드위치

불꽃놀이 플레이트

오이로 만든 오픈샌드위치

PROFILE

▶ 거주지/ 직업/ 가족/ 취미
간사이 지방/ ㈜스완키 시스템스 디자인부/ 본인, 남편, 큰아들 15세, 작은아들 10세, 채소 재배, 독서(도서관에 다니는 것을 좋아한다. 뜻밖의 책을 발견할 수 있기 때문)

▶ 좋아하는 집안일
요리

▶ 집안일에 관한 좋은 쪽으로의 변화
보온조리기를 사용한 후로 요리가 더욱 좋아졌다. 나는 저화력으로 장시간 푹 끓이는 것을 좋아하는데 한편으로는 그 소비전력이 궁금했다. 보온조리기는 처음 몇 분만 불을 붙일 뿐이고, 그 후에는 보온하며 알아서 푹 끓여준다. 진심으로 아끼는 제품이다.

▶ 일상에서 느끼는 소소한 즐거움
일하는 틈틈이 느끼는 즐거움은 도서관에서 좋아하는 책을 찾는 것과 마음에 드는 카페에서 그 책을 읽는 것이다.

▶ 일상에서 받는 스트레스와 해소법
스트레스를 느끼면 여기저기서 모은 소중한 커트러리를 닦으며 스트레스를 푼다.

▶ 자기계발을 위해 하는 일
직장은 도시에 있지만 자연이 풍부한 장소(숲)로 집을 옮긴 탓에 대중교통이 없다. 그래서 매일 아침 6시 반부터 아이들을 차례대로 학교에 보낸다(등교 준비하는 데 30분이 소요된다). 가족이 함께 지낼 수 있는 시간은 무한하지 않아서 조금이라도 뜻 깊은 시간을 공유할 수 있도록 늘 신경을 쓴다.

아침식사에 과일

과일의 순한 단맛과 요거트의 적당한 산미를 혼합하여 아침식사로 딱 어울리는 모닝 요거트 볼입니다.

참깨, 퀴노아, 아마란스 등 슈퍼푸드도 넣어서 영양을 한층 더 보충했습니다. 또 먹을 때 눈으로도 즐길 수 있도록 잘랐습니다. 블루베리가 만들어내는 식감은 요거트를 열 배나 맛있게 해준다고 믿습니다!

스무디 볼과 과일 요거트 볼.

채소를 듬뿍 넣은 알록달록 꼬치전골

겨울에 친구들이 모일 때는 반드시 만든다고 할 정도로, 자주 꼬치전골을 준비합니다. 메인 메뉴가 따로 있더라도 사이드 메뉴로 내놓거나 핀초스[빵조각에 올린 재료를 꼬챙이에 꿴 간식. 타파스의 일종] 대신 만들기도 합니다.

알록달록, 식감도 다 달라서 서로 다른 재료들이 뒤섞인 축제 같은 꼬치전골은 냉장고 비우기에도 한몫한답니다.

'스타우브' 냄비를 사용해서 꼬치전골을 만들었다.

동글동글 미니미니 주먹밥

30그램짜리 미니미니 주먹밥. '미니 유키미다이후쿠'(9개들이) 트레이로 만들어봤습니다. 동그랗게 만들 수 있어서 즐거워요.

우리 집의 찬합은 손님접대용 음식, 선물, 포트럭파티 등 등장할 때가 많아서 늘 가까이 둡니다. 작게 늘어놓으면 주먹밥도 멋진 선물이 됩니다. 직접 만든 쓰쿠다니[해산물조림]나 시구레니[생강을 넣은 조림] 등을 속재료로 해서 주먹밥을 만들면 먹는 사람들이 미소를 짓습니다. 텅 빈 찬합을 보면 다음에는 무엇을 채워 넣을까 하고 즐거워집니다.

유키미다이후쿠 3개들이용 빈 트레이를 둘로 나눠서 흔들면 밥이 동글동글해진다.

토란버그와 색색의 채소 도시락

데리야키소스를 끼얹은 토란채소버그와 컬러풀한 채소들을 넣은 도시락. 늘어놓은 채소들은 골든비트, 워터멜론래디시, 키오자비트 등. 채소의 예쁜 발색을 보면 흥분됩니다.

채소 도시락은 작은 모임에 자주 가지고 갑니다. 채소 섭취가 부족하다는 말을 들으면 사진처럼 갓 딴 생채소와 조리한 뿌리채소를 조합합니다.

소중히 키운 워터멜론래디시. 색이 예쁘다.

40

히로
ひろ

맛도 모양도 맛있게 먹을 수 있도록

인스타그램 @hiro71111

재료는 만두피(대형이면 75개, 보통이면 10개 정도), 양배추 한 통과 부추 한 다발(데쳐서 수분을 적당히 짜내고 다진다), 간 돼지고기 600그램 정도, 밑간용 양념(굴소스 1.5큰술, 참기름 2큰술, 간장 1작은술, 설탕 1/2작은술, 소금 후추, 생강, 마늘, 녹말가루 약간).

만두에 곁들이는 음식은 산초와 중화소스에 버무린 오이. 반으로 가른 오이에 칼집을 잘게 넣고 소금을 뿌려서 숨을 죽인다. 간장, '맛있는 식초'(조미식초), 참기름, 생강, 정원에 있는 산초나무 어린잎, 고춧가루를 뿌린다. 매콤해서 맛있다.

가지와 토마토의 푸른차조기잎 마리네이드. 기름을 발라서 전자레인지로 익힌 가지를 한입 크기로 썰어놓은 후, 토마토, 옥수수, 푸른차조기잎과 함께 올리브유, '맛있는 식초', 간장, 소금 후추로 버무린다.

첨가물이 적은 식품을 사용해서 채소를 듬뿍 섭취할 수 있게 늘 신경 쓰고 있습니다. 맛있게 먹을 수 있도록 맛도 모양도 고려해요. 계절별 식재료가 나오기 시작할 때는 새롭게 먹는 방법을 생각하거나 인터넷에서 검색하는 것도 즐겁습니다.

가족들에게 인기 있는 메뉴는 만두예요. 대학생인 아들은 우리 집 만두보다 맛있는 것을 먹어본 적이 없다고 한답니다.

맛을 내는 포인트는 참기름과 굴소스를 듬뿍 넣는 것입니다. 반죽하는 시점에서 냄새가 맛있어요(웃음).

구울 때는 프라이팬에 기름을 두르고 중불로 달군 후 만두를 빈틈없이 늘어놓습니다. 만두가 연한 갈색이 될 때까지 구워서 색이 나오면 뜨거운 물 약 50cc를 붓고 뚜껑을 덮어서 찝니다. 다 쪄지면 껍질이 투명해지므로 그 상태가 되면 뚜껑을 열고 수분을 날리며 다시 굽습니다. 뚜껑을 연 후에는 튀기듯이 굽도록 참기름을 넣습니다. 만두 가장자리가 바삭하게 딱딱해지면 뒤집개를 천천히 넣어봐서 프라이팬과 만두가 잘 떨어질 정도가 되면 완성입니다. 남은 참기름은 키친타월 등으로 흡수한 후 접시를 뚜껑 삼아 만두를 뒤집습니다.

미리 만들어놓는 음식은 3일/ 5일 이내에 먹는다. 나머지는 냉동보관

미리 만들어놓는 음식은 비슷한 레시피라도 책에 따라 보존 기간이 3일이라고 하는 경우가 있는가 하면 일주일이라고 하는 경우가 있어서 애매합니다. 저는 3일 이내에 먹어야 하는 음식과 5일 이내에 먹어야 하는 음식을 구분합니다. 주 후반에 사용하는 음식은 냉동해두므로 당연히 냉동할 수 있는 반찬이어야겠지요. 5일 동안 보존할 수 있는 음식은 맛이 진한 음식이나 마리네이드입니다. 또 채소는 양념을 하면 색이 달라지므로 데친 후 냉동해서 후반에도 쓸 수 있게 합니다.

햇양파와 생햄 샐러드/ 햄버그/ 무침요리용 데친 실파/ 아스파라거스 고기말이/ 누룩간장 돼지고기구이/ 장식용 커팅 당근/ 생강 쓰쿠다니/ 고구마 호두 미소무침/ 데친 오크라/ 호박 가다랑어포 조림/ 적양배추 절임/ 삶은 강낭콩/ 당근 콩소메 조림/ 데친 스틱브로콜리/ 데친 콜리플라워/ 완두콩과 콘버터 볶음/ 콜리플라워 마리네이드/ 장식용 커팅 래디시/ 데친 시금치/ 달콤한 강낭콩조림/ 크레이지솔트를 뿌린 파프리카와 소시지 볶음/ 당근 굴 우엉 볶음/ 만두소/ 향초와 빵가루를 입힌 황새치구이/ 방울토마토 꿀 마리네이드/ 고구마버터밥/ 유부초밥용 유부/ 햇양파 중국풍 마리네이드

다음 날의 도시락. 고구마버터밥으로 주먹밥. 향초와 빵가루를 입힌 황새치구이/ 달콤한 강낭콩조림/ 완두콩과 콘버터 볶음/ 당근 콩소메 조림/ 크레이지솔트를 뿌린 파프리카와 소시지 볶음/ 고구마버터 주먹밥/ 장식용 커팅 당근과 래디시 단식초절임/ 콜리플라워 마리네이드, 방울토마토 꿀 마리네이드, 키위 등

PROFILE

▶ 좋아하는 집안일
요리

▶ 요리에 대한 고집
첨가물이 적은 것을 사용한다. 맛있게 먹을 수 있도록 맛과 모양을 고려한다.

▶ 가족에게 인기 있는 메뉴
만두

▶ 요리를 좋아하게 된 계기, 영향을 준 사람
어머니가 풀타임으로 일했기 때문에 어릴 때부터 직접 요리를 했는데, 하면서 점점 즐거워진 느낌이다. 또한 어머니의 영향도 받았다. 만두조리법도 어머니가 알려줬고, 종종 횟감을 몇 종류씩 사와서 큰 나무통에 니기리즈시[손으로 쥐어서 만든 초밥]를 만들어준 것도 맛있는 추억이다.

▶ 대충 하는 부분과 확실히 하는 부분
지나친 것을 추구하지 않는다. 첨가물이 적은 식사는 늘 신경 쓰지만 첨가물로만 낼 수 있는 맛도 있으므로 아이들에게 강요하지 않는다(웃음). 나 또한 외식도 하고 편의점에도 간다.

▶ 일상에서 느끼는 소소한 즐거움
슈퍼마켓에서 식재료 찾기. 새롭거나 몰랐던 식재료를 발견할 수 있는 점이 즐겁다. 정원 가꾸기.

토마토를 대량 소비했다

토마토를 잔뜩 얻어 와서 대량으로 소비했어요. 토마토 콩소메 절임은 콩소메를 간장, 흑후추로 양념한 것에 절였습니다.

토마토 콩소메 절임/ 로스트비프/ 토마토와 염장다시마 무침/ 퍼플퀸(자두) 매실청 절임/ 그릴에 구운 호박 커민 치즈/ 파프리카 바질 소테/ 삶은 강낭콩/ 장식용 커팅 당근과 래디시/ 탄두리치킨/ 가지 폰즈 생강 무침/ 데친 소송채/ 달걀 유부주머니/ 작은순무절임/ 고등어 데리야키/ 장식용 커팅 래디시/ 무 차조기 무침/ 적양파 레몬 마리네이드/ 체리/ 버섯 쓰쿠다니/ 당근 흑후추 소테/ 파프리카 누룩소금 마리네이드/ 데친 파드득나물/ 고구마 콩가루무침/ 삶은 옥수수

생선요리를 많이 만들고 싶다

큰아들용 도시락 '고등어 데리야키'. 상당히 두툼해서 높이 솟아올랐어요.

요즘은 생선요리를 좀 더 다양한 버전으로 응용해보고 싶어요. 모양만으로 맛있어 보인다고 느낄 수 있는 생선요리를 만들고 싶습니다.

고등어 데리야키/ 달걀 유부주머니/ 무 차조기 무침/ 강낭콩 호두 미소무침/ 가지 폰즈생강무침/ 적양파 레몬 마리네이드

마파두부로 저녁식사

저녁식사는 마파두부. 가지는 참깨 페이스트와 간 참깨를 섞어 만든 소스로 '맛있는 식초'에 간장을 조금 넣고 무쳤습니다. 참깨페이스트를 넣으면 감칠맛이 확 살아나며 양하와 잘 어울려서 맛있어요.

무화과/ 갈릭치즈감자/ 마파두부/ 피망 가다랑어포 조림/ 참깨페이스트 가지무침/ 아스파라거스와 토마토 유자 젤리/ 파프리카 유자후추무침/ 노란깨를 뿌린 밥/ 중국식 달걀수프/ 김치/ 무와 유부의 담백한 샐러드

버섯국과 만들어놓은 반찬으로 저녁식사

아침부터 내린 비로 썰렁해서 끓인 버섯국과 미리 만들어놓은 반찬을 한데 모은 식사. 어머니가 애용하는 밤 전용 칼로 열심히 껍질을 벗긴 밤밥은 정말 맛있어요!

밤 껍질은 늘 어머니가 벗겨주시는데 이번에는 직접 했더니 손가락에 물집이 잡혔습니다.

밤밥/ 연어 초귤 유안야키[간장에 미림, 유자즙을 섞은 유안지간장에 재료를 담갔다가 굽는 요리]/ '콩고기'(콩과 식물성 단백질이 풍부한 식품) 탕수육/ 호박과 고구마의 매콤달콤 볶음/ 으깬 호박/ 데친 소송채/ 시나몬슈거를 뿌린 고구마튀김/ 삶은 강낭콩/ 미트볼 토마토조림/ 데친 완두콩어린잎/ 파프리카 가다랑어포 무침/ 달콤한 당근조림/ 파프리카 미소마리네이드/ 숙주부추나물/ 언두부 스위트칠리볶음/ 감자당근조림/ 장식용 커팅 래디시와 당근/ 적양파 콩소메 마리네이드/ 만두소

미리 만들어놓은 반찬을 한데 모은 식사.

41

마키
まき

새벽 4시에 출근하는 남편을 위한 도시락

인스타그램 @ururun_u.u

방어 데리야키/ 닭튀김/ 육수를 넣은 달걀말이/ 만간지고추와 원통형어묵 조림/ 명란 당근/ 가지 튀김절임

남편이 새벽 4시쯤 출근하기 때문에 도시락을 한밤중에 만들어놓습니다. 갓 만들어 뜨거운 반찬을 식히다 잠든 적도 있어요.

식단은 대체로 3일치를 한꺼번에 짜서 달력에 적습니다.

그중에서 도시락에 넣을 수 있는 음식에는 따로 표시해놓습니다. 양념이나 조리법을 바꿔서 메인 음식(육류, 생선)이 중복되지 않게 신경을 써요.

밑반찬은 한꺼번에 만들어놓지 않습니다. 날마다 저녁식사를 준비할 때 두 가지 정도를 만들어서 그날그날 채워 넣습니다.

오늘의 도시락은 모양도 내용도 베이비붐 세대가 먹었을 법한 이른바 쇼와시대 도시락. 수제 홍연어절임/ 육수를 넣은 달걀말이/ 유자후추조림/ 시금치후추무침/ 무말랭이조림/ 고구마맛탕(메이플간장 맛)

이번 주도 '국 한 그릇+밑반찬'

이번 주도 국 한 그릇에 여러 가지 밑반찬! 오이와 자차이를 썬 것 외에는 전부 밀폐용기에서 꺼내 담기만 했습니다! 재빨리 먹을 수 있어서 좋아요.

전에는 밑반찬을 한꺼번에 만든 시기도 있었는데 깜빡 잊고 못 먹기 일쑤여서 되도록 신선한 음식이 좋겠다 싶어 날마다 저녁식사를 준비할 때 반찬을 많이 만드는 편이랍니다. 대체로 이틀 정도면 다 먹어요.

연어알덮밥(코스트코)/ 미역국/ 오이와 자차이 무침/ 전갱이 난반즈케[초·술·소금을 탄 물에 생선이나 채소를 절인 음식]/ 매콤달콤 가다랑어포 여주 볶음/ 고구마 유자잼조림/ 육수를 넣은 달걀말이/ 우엉소금볶음

열빙어를 굽고 국을 끓였다. 어제 남은 비지조림이 너무 맛있었다. 흑미주먹밥/ 팽이버섯 두붓국/ 육수 달걀말이/ 호박조림/ 열빙어구이/ 오징어와 오이 초절임/ 비지조림

PROFILE

▶ 거주지/ 직업/ 가족/ 취미
고베/ 접객업 파트타임/ 남편, 본인/ 그릇 수집

▶ 음식에 대한 고집
채소를 많이 사용한다.

▶ 가족에게 인기 있는 메뉴
느슨하지만 탄수화물을 제한하는 중이라서 그 식단이 인기가 있다. 남편은 튀김을 좋아하는데 그것도 탄수화물 섭취량이 많지 않게 신경 써서 도시락으로 만든다.

▶ 현재 열중하는 일
여러 가지 향신료를 사용해서 만드는 카레.

▶ 대충 하는 부분과 확실히 하는 부분
나중에 편하고 싶은 타입이라서 시간이 있을 때 한꺼번에 튀김옷을 입히거나 생선살을 미소에 절여 냉동 저장한다. '열심히 만든 언젠가의 나에게 고맙다'고 생각할 수 있기 때문이다.

▶ 일상에서 느끼는 행복
최근 2년 정도 남편이 석 달 간격으로 지방에서 근무하는 바람에 유일하게 함께 식사할 수 있는 저녁시간을 소중히 한다.

비지조림에는 양파, 말린 표고버섯, 당근, 우엉, 유부, 곤약, 파 등 재료를 많이 넣으면 좋다.

그릇 모으기를 매우 좋아한다

그릇 모으기를 좋아해서 조금씩 늘리고 있습니다. 가장 좋아하는 검은색 그릇들이에요. 신경 써서 모은 것은 아니지만 꽤 있더라고요. 사진 위쪽과 아래쪽의 타원형 꽃잎모양 접시는 '요시자와 가마', 나머지는 최근 2년 동안 모았습니다. 작은 접시들을 매우 좋아하는 탓에 이제는 식기수납장 안에서 눈사태가 일어날 지경이에요. 다 집어넣지 못해서 지금은 워크인 클로짓이 두 번째 식기수납장이 되었답니다.

좋아하는 검은색 그릇들.

'쇼카도 도시락'처럼 만들었다

남편의 도시락과 내용은 거의 똑같은 제 점심밥입니다. 전부 도시락을 만들고 남은 반찬이라서 그릇에 담기만 하면 되니 엄청 편해요.

작은 접시를 사용해서 쇼카도 도시락[옻칠을 한 칸막이 도시락에 교토의 전통요리를 담은 도시락]처럼 만들어봤습니다. 이 6칸 찬합은 흔한 크기의 미니사이즈라서 9센티미터 이하의 작은 접시를 사용해야 들어갑니다.

연어알 오이 군함말이/ 삶은 달걀과 미림에 담갔다 말린 열빙어/ 중국식 새우와 브로콜리 볶음/ 당근잎과 원통형어묵 튀김/ 무와 호박, 고구마 소보로 앙카케[갈분을 풀어 걸쭉한 소스를 끼얹은 요리]/ 감말랭이 초절임

미련 없이 반찬 두 가지로 만든 도시락

반찬 세 가지 도시락을 동경하며 만들었지만 두 가지밖에 안 들어갔어요… 뭐, 이런 날도 있지요.

차사오[돼지고기를 술, 향신료를 탄 간장에 담가 구운 중국요리]는 언젠가 만들어 냉동한 것이고, 빨간 것은 실고추입니다. 반찬이 이것뿐인데 반숙달걀조림을 하느라 애를 먹었습니다. 달걀은 큰 사이즈 달걀 2개를 뜨거운 물에서 7분 30초~8분을 삶았습니다. 달걀 크기나 개수에 따라 삶는 시간이 달라지는 탓에 어려웠어요. 달걀 2개나 쓸데없이 제 뱃속으로 사라졌네요….

차사오 덮밥, 반숙달걀조림/ 키위/ 핼러윈 쿠키

나의 아침식사

평소 도시락을 싸고 남은 반찬을 작은 접시에 조금씩 올려놓고 다양하게 먹는 것을 좋아합니다.

오늘은 접시에 담기 전과 담은 후의 '비포 애프터'를 비교해봤답니다.

닭날개튀김 피넛버터 미소무침은 무가당 피넛버터 2큰술, 미소 1큰술, 간장 1/2작은술, 벌꿀 1~2큰술, 술 1작은술을 넣고 잘 섞어서 녹말가루를 묻혀 튀긴 닭날개(15개 정도)와 버무리기만 했습니다.

주먹밥(찰보리흑미, 순무의 일종인 노자와나잎말이)/ 닭날개튀김 피넛버터 미소무침/ 매콤한 곤약/ 소송채와 원통형어묵 조림/ 여주소금볶음/ 육수를 넣은 달걀말이(감칠맛용 매실 얹음)/ 건더기를 듬뿍 넣은 미소시루(양파, 무, 당근, 두부, 미역)

음식을 담기 전의 접시들.

분명히 2인용 아침식사였는데…

얼마 전에 만든 2인용 아침식사. 말린 관자를 넣은 찐밥과 밑반찬들. 관자와 버섯에서 감칠맛이 넘쳐난답니다.

평소에는 찐밥을 찹쌀과 백미 1대 1로 만드는데, 이번에는 2홉을 3대 1로 지었더니 찰기가 돌았습니다.
이 주먹밥 1개에 70~80그램은 나가는데 제가 잠깐 볼일을 보는 사이에 한 개도 남김없이 싹 사라졌어요! "당신이 다 먹은 거예요? 외아들도 아니잖아요!"(누나가 있습니다) 이렇게 짜증 낸 하루였습니다.

주먹밥(말린 관자와 버섯 찐밥, 순무청과 참깨)/ 톳을 넣은 무말랭이조림/ 새우 난반즈케/ 브로콜리참깨무침/ 건더기를 듬뿍 넣은 미소시루

주먹밥 도시락

'3색 퀴노아'라는 것을 발견했습니다. 흰색, 빨간색, 검은색이 혼합된 퀴노아로 색이 아주 귀여워요! 이번에는 구수하게 볶아서 주먹밥에 묻혀봤습니다.

주먹밥(유자후추깨, 흑미, 노자와나잎말이, 3색 퀴노아)/ 크로켓(튀기기만 함)/ 달걀프라이/ 쑥갓과 당근의 참깨무침/ 마늘과 새우소금을 뿌린 만간지고추구이/ 고구마 메이플버터/ 콩조림

42

아스_친
asu_chin

직접 만든 디저트로 행복한 시간을 즐긴다

➡ 인스타그램 @asu_chin

커피 플로트를 마시며 휴식. 수제라고 해도 아이스크림을 얹기만 했을 뿐이다. 카페오레 베이스는 아이치의 '개라지 커피 컴퍼니'에서 구입했다. 가당과 무가당이 있는데 사진의 커피는 무가당이지만 너무 쓰지 않고 딱 좋을 정도로 감칠맛이 있다.

카페에 가는 것을 좋아합니다. 친구들과 갈 때는 일상 얘기를 하거나 정보를 교환하는 등 수다를 떨며 즐겁게 스트레스를 풉니다. 특히 별다른 일정이 없는 날에는 혼자서 좋아하는 카페에 갑니다. 그곳에서 먹은 요리나 디저트를 참고해서 직접 만들어보기도 해요. 가족과 단란할 시간을 보낼 때도 수제 디저트를 빠뜨릴 수 없답니다.

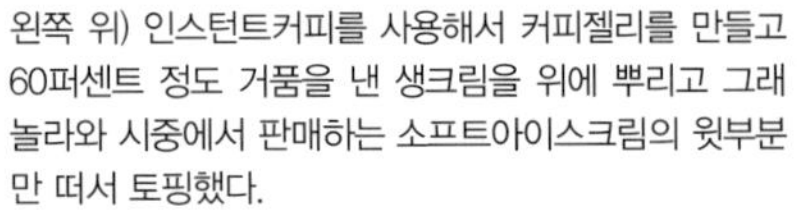

왼쪽 위) 인스턴트커피를 사용해서 커피젤리를 만들고 60퍼센트 정도 거품을 낸 생크림을 위에 뿌리고 그래놀라와 시중에서 판매하는 소프트아이스크림의 윗부분만 떠서 토핑했다.
오른쪽 위) 레몬타르트. 아이들은 레몬을 완전히 빼고 먹었다.
왼쪽 아래) '블러프 베이커리'의 통밀빵. 구운 바나나에 마스카포네치즈와 '오이코스' 요거트, 휘핑크림을 섞어 얹고 에스프레소소스를 뿌렸다. 구운 바나나는 달고 맛있다.
오른쪽 아래) 피치 멜바. 바닐라아이스크림에 복숭아와 라즈베리를 얹은 것이다. 아이스크림이 녹았다.

열심히 만든 설음식

올해는 오랜만에 설음식을 직접 만들었습니다. 결혼 초에는 열심히 만들었는데 출산 후 매일 바쁜 탓에 만들 기력이 없어서 구입해 먹었거든요.

가족들은 역시 직접 만들어서 맛있다며 좋아했습니다. 구입한 음식은 순식간에 다 먹어버리지만, 직접 만든 음식은 양을 넉넉히 만들기에 실컷 먹을 수 있다는 점도 좋았습니다.

닭고기조림/ 말린 청어알/ 검은콩/ 밤 킨톤[삶은 밤을 으깨서 설탕을 섞어 만든 일본식 만주]/ 우엉타다키[우엉을 다져서 양념한 것]/ 노시토리[간 닭고기에 달걀, 녹말가루 등을 섞고 얇게 펴서 오븐으로 구운 것]/ 당근 무 초절임/ 연어 다시마말이/ 멸치볶음/ 방어 데리야키/ 도미 다시마 절임/ 새우조림/ 로스트 포크/ 달걀말이/ 어묵 3종

원 플레이트 식사

여러 가지 채소와 식재료를 이용해서 그릇에 담을 때 배색이 좋도록 신경 쓰니 자연스럽게 영양 균형이 잘 잡힌 플레이트가 되었습니다.

원 플레이트를 만들 때는 좋아하는 카페에서 판매하는 요리도 참고합니다. 입맛이 당기는 모양과 먹으면서 만족스러운 원 플레이트를 목표로 합니다.

'EPPE'의 빵으로 원 플레이트를 만들었다.

폭신한 식감이 남도록 너무 많이 굽지 않는다.

아이가 정말 좋아하는 두꺼운 달걀말이 샌드위치

두꺼운 달걀말이는 달걀말이를 좋아하는 아이들이 자주 만들어달라고 합니다. 간을 달짝지근하게 하는 것이 포인트이며, 폭신한 식감을 위해 너무 오래 굽지 않습니다. 포만감이 들도록 아주 두껍게 구우려고 신경을 쓴답니다.

빵은 두꺼운 것보다 얇은 것이 잘 어울립니다.

PROFILE

▶ 거주지/ 직업/ 가족/ 취미

도쿄/ 전업주부/ 본인, 남편, 딸 15세, 아들 12세/ 카페 나들이

▶ 가족에게 인기 있는 메뉴

두꺼운 달걀말이 샌드위치

▶ 요리와 관련해 좋아하는 것, 즐기는 것

좋아하는 빵을 원 플레이트로 만들어서 점심이나 브런치로 먹는 것.

▶ 일상에서 느끼는 소소한 즐거움

집안일을 하는 틈틈이 커피를 마시거나 디저트를 먹으며 편히 쉰다.

▶ 일상에서 느끼는 행복

가족과 단란한 시간을 보낼 때는 직접 디저트를 만들어 먹으며 이야기를 나눈다.

▶ 스트레스 해소법

때때로 좋아하는 카페를 다니며 스트레스를 푼다.

아이스크림을 올린 3층 커피젤리. 간단한데도 사진을 잘 받는다.

43

플릿_21
flit_21

사계절을 신경 써서 다양한 식재료를 활용

➡ 인스타그램 @flit_21

제철음식을 균형 있게 섭취하려고 한다. 봄채소 튀김/ 데마리즈시[둥글게 만 초밥]/ 죽순과 머위, 미역 조림/ 달걀찜/ 봄 양배추와 삼겹살 밀푀유/ 잠두콩 수프/ 유채 겨자식초 미소무침/ 샐러드 등

'아주 협소한 우리 집 화단에는 물푸레나무, 유칼립투스, 미모사, 올리브 등 큰 나무가 정글처럼 빽빽하고, 그 나무들에 목향장미와 작은 덩굴장미가 얽혀 있다. 또 아래쪽에도 작은 꽃들이 잔뜩 피었다.

'하부타에' 찹쌀과 잡곡으로 미니 인절미를 만들었다. 노란색은 '안노' 고구마를 쪄서 채에 거르기만 했더니 색소를 쓰지 않아도 이런 색이 나왔다. 녹색은 풋콩이나 완두콩을 으깬 페이스트, 보라색은 흰 팥앙금에 자색고구마 파우더를 섞었다.

제철음식과 관련된 집안일을 챙기고 계절 식물을 장식하는 등 사계절을 고려한 생활을 하도록 늘 신경을 씁니다.

식단은 제철의 식재료를 균형 있게 사용해서 무리 없이 재빠르게 만들 수 있는 음식을 위주로 짭니다. 가족의 생일 등 이벤트가 있는 날에는 당사자가 요청하는 메뉴를 열심히 만듭니다.

플레이팅을 할 때는 음식 한 가지의 양을 조금씩 해서 다양한 식재료를 섭취할 수 있도록 하나씩 담는 것을 고집합니다. 어머니가 간단한 음식이라도 일단 가짓수를 많이 만드는 걸 보고 자랐기 때문에 저도 똑같이 조금씩이라도 가짓수를 늘렸습니다.

어떻게 하면 가족이 좋아하는 음식을 빠른 시간 안에 휙휙 만들어낼지 생각하는 것도 즐겁습니다. 앞으로는 각각의 식재료를 응용하는 방법을 더욱 늘리고 싶습니다.

간식은 팬케이크

간식으로 버터와 요거트를 곁들인 쫄깃한 팬케이크를 구웠습니다. 사워크림과 휘핑한 생크림을 올렸어요. 인스타그램에서 인기 있는 맛있는 음식이 주르륵 흐르는 장면을 담은 사진 해시태그 '#주르륵'을 따라 해 보고 싶었거든요. 존재를 잊을 뻔한 소밀comb honey을 호화롭게 다 썼습니다.

사워크림과 휘핑한 생크림을 듬뿍 올렸다.

만드느라 시간이 걸린 오랑제트

호주산 네이블오렌지를 듬뿍 받았습니다. 말리거나 초콜릿을 입힌 오랑제트로, 또는 주스로 만들었습니다.

호주 농산물은 안전 관리가 엄격하다고 해서 일본산만큼 안심할 수 있습니다. 이 네이블오렌지도 과즙이 풍부하고 부드러우며 맛있답니다. 두껍게 썰어서 며칠에 걸쳐 오랑제트를 만들었습니다.

만드느라 시간이 걸린 만큼 기대감도 한층 더 높아졌어요. 초콜릿도 듬뿍 뿌렸습니다.

선물로 받은 네이블오렌지를 사용해서 만들었다.

PROFILE

▶ 거주지/ 가족/ 취미

오사카 부/ 본인, 남편, 큰딸 21세, 작은딸 18세, 아들 11세/ 독서, 재봉, 뜨개질, 드라이플라워, 압화, 과자 만들기, 잡화점 구경, 영화감상

▶ 좋아하는 집안일

집을 깔끔하게 정리하는 일

▶ 정리에 대한 고집

날마다 간단하게 정리하고 월초나 환절기에는 비교적 대규모로 정리해서 대청소 및 구조 바꾸기를 즐긴다.

▶ 집안일에 관한 좋은 쪽으로의 변화

모든 일을 직접 하기보다 가족의 도움을 받는다. 서로 고마워하는 마음도 커지고 나만의 시간도 보낼 수 있게 되었다.

▶ 일상에서 느끼는 소소한 즐거움

커피를 내리며 한숨 돌리고 다음 날 무엇을 할지 생각하는 시간을 좋아한다.

▶ 일상에서 느끼는 행복

아이들이 웃을 때. 가족이 모두 행복하기 위해서 가능한 한 혼자서 밥을 먹는 일은 없도록 한다. TV는 거실에 한 대뿐이다.

▶ 자기계발을 위해 하는 일

하고 싶은 일, 가고 싶은 곳 등을 목록으로 만들어서 의식적으로 실행한다. 책을 많이 읽는다.

44

한야코로
hanyacoro

정성껏 미리 준비한 소박한 밥의 소중함

콩 후무스를 만들었다. 사실은 병아리콩으로 만드는 중동식 요리인데, 콩에 요거트, 찌개용 두부, 직접 기른 바질과 마늘을 넣었다. 차가운 화이트와인과 함께.

➡ 인스타그램 @hanyacoro

최대한 계절을 느낄 수 있는 식재료, 지역 특산품을 사용해서 식탁을 즐깁니다. 튼튼한 몸에 건강한 마음이 머문다고 생각합니다. 정성껏 미리 준비한 소박한 밥을 감사히 먹을 수 있는 매일이 '정성스러운 생활' 아닐까요?

저는 밑반찬 만들기를 좋아합니다. 냉장고 속에 있는 재료만으로 얼마나 많은 종류를 만들 수 있을지 생각하거나, 고정관념에 사로잡히지 않고 다른 식재료를 사용해보는 식으로 연구합니다.

요리교실이 있는 평일에는 간단한 원 플레이트 식사지만, 온 가족이 함께하는 날에는 반찬이 최소 다섯 가지입니다. 고기만 계속 먹지 않도록 채소를 듬뿍 넣은 메뉴를 만듭니다.

위) 이날의 메인은 친정에서 따 온 순무에 고기를 채운 것이었다. 푹 끓인 수프가 엄청 맛있었다. 잔뜩 얻어 온 주키니 호박, 마늘과 허브, 약간의 닭고기를 스타우브 냄비에 넣고 기름과 함께 보글보글 끓였다. 매우 좋아하는 음식이다.
오른쪽) 시간이 생긴 토요일에 밑반찬을 만들었다. 말없이 하는 작업을 좋아한다. 춘권소는 미트소스가 바짝 졸기 전에 건더기만 따로 꺼내고, 불린 톳에 녹인 치즈를 섞은 것이다.

익숙한 음식으로 손님 접대

제가 만든 접대 요리는 먹는 사람들이 좋아해주는 경우가 많습니다. 하지만 아주 공들인 요리라기보다는 익숙한 음식을 플레이팅에 신경 써서 손님을 대접하는 느낌을 전합니다. 주제에 맞춰서 테이블 코디나 사용할 그릇, 장식용 꽃 등을 사전에 생각하는 시간이 더없이 행복합니다.

메인은 치킨오일조림. 레드와인(피노 누아르)에는 발사믹식초를 섞은 베리소스를 푹 끓여서 감칠맛을 낸 새콤달콤한 소스, 화이트와인(샤르도네)에는 양파크림소스를 듬뿍 얹고 핑크페퍼를 뿌린 서양배가 잘 어울린다. 밥은 해산물필라프. 그 외에는 아히요와 치즈소스에 찍어 먹는 채소. 또 페페론치노를 넣은 연근과 버섯. 맛있는 와인을 마음껏 음미했다.

귀한 친구가 왔을 때의 접대 음식. 메인은 파에야. 닭튀김은 소금으로 양념했다. 아보카도 연어 타르타르소스와 콩 후무스에는 지역 특산 채소를 듬뿍 넣었다. 그 외에는 가지와 주키니호박을 곁들인 그릴에 구운 고기와 토마토 마리네이드. 디저트는 딸기를 얹은 치즈타르트. 일 년에 한 번만 만날 수 있지만 언제 만나도 늘 그때 그 시절의 우리로 돌아갈 수 있는 행복한 시간이었다.

PROFILE

▶ 거주지/ 직업/ 가족/ 취미

홋카이도/ 전업주부/ 본인, 남편, 첫째딸 14세, 둘째딸 12세, 막내딸 10세/ 파티테이블 코디네이트와 캐릭터도시락 만들기

▶ 좋아하는 집안일

밑반찬 만들기. 닭가슴살홍차조림과 라자냐는 아이들이 매우 좋아한다. 밑반찬으로나 접대 음식으로나 활용할 수 있다. 나는 미트소스와 데미그라스소스를 좋아한다. 응용할 수 있어서 많이 만들어 여러 가지 메뉴로 변화를 준다.

▶ 도전해보고 싶은 요리

채식 레시피 등 몸에 좋은 식단.

▶ 대충 하는 부분과 확실히 하는 부분

평소에 육수는 가야노야의 제품을 사용하는데, 특별히 신경 쓸 때는 다시마와 가다랑어포를 사용해서 육수를 제대로 우려낸다.

▶ 일상에서 느끼는 소소한 즐거움

밤에 마시는 술. 집안일을 비롯한 모든 일을 끝낸 후에 남편과 한잔하는 시간. 가장 편히 쉴 수 있는 시간이다.

▶ 일상에서 느끼는 행복

온 가족이 모여 저녁식사를 하기 위해 이른 시간부터 주방에 서서 준비할 때 굉장히 행복하다.

▶ 일상에서 받는 스트레스와 해소법

일정이 겹칠 때 스트레스를 느낀다. 드라이브나 쇼핑, 밑반찬 만들기로 스트레스를 푼다! 완성된 요리를 잔뜩 늘어놓으면 기분이 상쾌해진다.

45

사유링

さゆりん

남편의 칭찬이 내 요리 솜씨를 키워줬다

➡ 인스타그램 @ryosayu(요리)
@ryosayu9494
(보디메이크업, 패션)

일본 나가사키 사세보 지역의 레몬 스테이크. 얇게 썬 소고기를 잘 달군 철판 위에 깔고 간장 베이스의 레몬버터소스를 뿌려 레어 상태로 제공하는 명물 요리다. 나가사키에서 먹은 레몬 스테이크의 맛을 잊지 못해 집에서 재현해봤다. 외식하며 맛있는 음식을 발견했을 때는 혀로 기억해서 비슷한 맛을 재현한다.

오랜만에 빵을 구워서 미니 버거를 잔뜩 만들었다. 어른의 경우 두 입이면 먹을 수 있는 크기. 빵 하나당 20그램의 반죽으로 만들면 냉동 도시락햄버그에 딱 맞는 크기가 된다. 작은아들은 일곱 개나 먹어 치웠다(웃음).

온 가족에게 인기 있는 햄버그스테이크. 스튜 냄비째 뜨거운 것을 그대로 식탁에 내기 때문에 마지막까지 따뜻하게 먹을 수 있다. 햄버그 속에는 녹아내리는 치즈가 들어 있다. 걸쭉한 데미그라스소스 덕분에 밥이 술술 넘어간다. 양이 꽤 많았지만 고등학교 수영선수인 큰아들은 순식간에 다 먹어버렸다.

요리는 직접 만들려고 늘 신경을 씁니다. 예를 들어 드레싱이나 잼, 라유까지요. 디저트도 가능한 한 집에서 직접 만듭니다. 요리는 아무리 나이가 들어도 몸이 움직이는 한 계속할 수 있는 취미입니다. 소재의 조합, 자신만의 생각에 따라 무한한 가능성이 있습니다.

메뉴를 연구하는 것도 즐겁습니다. 인스타그램은 저에게 자기표현의 장이기도 해서 플레이팅이나 식기 선택, 테이블 코디네이트에 이르기까지 실제로 먹는 가족뿐 아니라 사진을 보는 사람도 즐거워할 수 있도록 노력합니다.

요리를 좋아하게 된 계기는 남편과 교제하던 시절에 카레를 만들어줬는데 매우 맛있다는 말을 들은 일이었습니다. 맛있을 때는 과장스러울 정도로 칭찬해줘서, 제 요리 솜씨는 남편이 키워줬다고 생각해요.

또 어머니의 영향도 큽니다. 결혼해서 날마다 식사를 준비하는 동안 음식의 중요성을 실감했습니다. 시집온 후 조림 등 어머니의 손맛이 그리워졌어요. 저도 아이가 집을 떠날 때 그리워해주기를 바라는 마음으로 애정을 담아 요리합니다.

소스를 발라 구운 후 푸른차조기잎, 시치미[일곱 가지 맛이 나는 일본 양념] 무, 명란마요네즈, 치즈를 얹어서 4종류의 맛을 즐길 수 있게 만들었다. 다양한 완자/ 차가운 호박수프/ 호박그라탱/ 알록달록 샐러드/ 미소시루/ 고구마레몬조림/ 불에 그슬린 대구알을 얹은 주먹밥/ 풋콩/ 프루츠칵테일.

완자를 매우 좋아한다

닭고기 완자는 저와 작은아들이 매우 좋아합니다. 맥주에도 잘 어울려요. 토치로 표면을 그슬려서 불맛이 나게 마무리합니다. 우리 집 완자의 좋은 점은 토핑을 달리하기만 해도 다양하게 즐길 수 있다는 점입니다.

한창 먹을 나이의 아들이 둘이나 있어서 양도 많고 가짓수도 풍부하며 영양소를 확실히 섭취할 수 있는 식단 만들기에 힘쓰고 있습니다.

다양한 완자. 소스와 소금맛 2종류가 있다. 메뉴는 방방지[중국식 닭고기냉채]/ 알록달록 생햄 샐러드/ 옥수수, 새우, 여주, 달걀, 감자조림/ 불에 그슬린 명란밥/ 코코넛젤리와 망고젤리.

PROFILE

▶ 거주지/ 직업/ 가족/ 취미
후쿠오카 현/ 전업주부/ 본인, 남편, 큰아들 16세, 작은아들 8세/ 홈 트레이닝으로 몸 단련하기(정말로 식스팩이 있다)

▶ 좋아하는 집안일
요리

▶ 못하는 요리
생선뼈를 잘 못 발라낸다.

▶ 대충 하는 부분과 확실히 하는 부분
평소 아침식사나 도시락은 충분히 대충 만든다. 저녁식사는 영양 균형을 고려하여 확실하게 만든다. 운동회 같은 행사용 도시락도 요청을 받아서 원하는 대로 만들어준다.

▶ 도전해보고 싶은 요리
집에서 만든 효모를 사용한 빵을 굽고 싶다.

▶ 일상에서 느끼는 행복
가족과 함께 하는 외식이나 여행. 지독할 정도로 절약하지 않고 필요한 일에는 돈을 과감하게 쓴다.

▶ 바쁠 때의 아이디어
아침에 가족을 배웅할 때 분주하다. 이때만 넘기면 혼자만의 시간이 기다린다고 생각하며 어떻게든 극복한다.

▶ 자기계발을 위해 하는 일
집에서 몸을 단련한다. 스쿼트 100회, 복근운동 2세트, 덤벨운동 100회, 다리 벌렸다 오므리기 50회를 날마다 계속하고 있다.

46

텟시
tesshi

평범한 식재료를 보기 좋게, 심플하지만 맛있게 만든다

➡ 인스타그램 @tmytsm

베이컨 채소 볶음으로 만든 주먹밥. 소금 후추를 뿌려서 볶기만 했다.

왼쪽) 매실장아찌 튀김가루 푸른차조기잎 주먹밥. 튀김가루는 멘쯔유에 담갔다 사용한다.
가운데) 훈제연어 오이 크림치즈마요네즈 초밥 주먹밥. 초밥을 떠올리며 만들었다.
오른쪽) 명란 이탈리아유채 멸치볶음으로 만든 주먹밥. 이탈리아유채는 일본유채보다 식감이 좋고 맛은 비슷하다. 볶아서 더욱 아삭아삭하다.

평범하고 수수한 식재료를 심플한 양념으로 어떻게든 보기 좋게 만들려고 합니다.

아들들이 대학교에 진학하며 집을 떠나서 남편과 둘이 생활하는데, 남편만을 위해서 식사를 준비할 마음은 들지 않아 앞이 막막했습니다. 그와 별개로 작은아들의 입시가 끝난 후 저만을 위해 돈과 시간을 들이지 않고 영어를 할 수 있는 방법을 찾다가 인스타그램 계정을 만들어봤습니다. 하지만 영어를 하기 위해서 올릴 만한 사진이 머릿속에 전혀 떠오르지 않았어요. 마침 요리도 정체상태여서 '만든 음식이라도 올려볼까?' 하는 느낌으로 하다가 현재에 이르렀습니다. 인스타그램 덕택에 간신히 요리도 계속하게 되었지요.

트레일러 운전수인 남편이 날마다 일하러 갈 때 도시락을 가져가기에 반찬과 밥을 전부 한 손으로 먹을 수 있도록 한데 섞은 주먹밥을 만듭니다.

달걀요리를 좋아해서 나도 모르게 많아졌다

멋스럽고 진귀한 식재료보다 평범한 재료를 평범하게 조리하는 것이 일과입니다. 달걀을 매우 좋아해서 달걀요리가 많아졌습니다.

요리연구가 중에서는 겐타로ケンタロウ 씨와 제이미 올리버Jamie Oliver의 요리를 굉장히 좋아해서 참고합니다. 딸이 없어서 가족이 남자들뿐인지라, 남성이 만드는 요리가 참고하는 데 매우 도움이 됩니다.

생선구이용 그릴로 구워낸 그릴드 매시드 핫샌드위치. 어제 먹다 남은 감자샐러드와 체다 치즈를 듬뿍 넣었다.

카레맛의 감자샐러드. 감자는 홋카이도산 품종인 '기타아카리'. '허니 베이크드 햄'을 넣었다.

재료를 듬뿍 넣은 하이라이스. 그릴에 구워서 얹은 채소는 전부 이웃집 노신사에게 받은 것이다.

오믈렛 핫샌드위치. 오믈렛이라는 이름을 붙였지만, 스크램블에그를 빵 사이에 넣고 굽기만 했다.

PROFILE

▶ 거주지/ 연령/ 직업/ 가족/ 취미
아이치 현 오카자키 시/ 40대/ 파트타임 보육사/ 본인, 남편 (자취중인 큰아들 24세, 작은아들 22세)/ 인스타그램으로 세계여행과 영어 공부

▶ 좋아하는 집안일
간단한 밥 만들기.

▶ 못하는 요리
튀김. 실내에 꽉 차는 냄새, 사방으로 튀는 기름과의 전쟁, 뒷정리… 녹초가 된다.

▶ 자신의 요리의 특징
생선구이용 그릴로 뭐든지 조리한다. 스테이크나 구운 채소, 튀김 데우기, 아침용 빵까지.

▶ 대충 하는 부분과 확실히 하는 부분
멘쯔유나 식초 등 요리를 편리하게 해주는 조미료는 자주 사용한다. 식재료 선택은 확실히 하고 있다. 가급적이면 안심할 수 있는 안전한 지역 식재료를 사용하려고 한다.

▶ 도전해보고 싶은 요리
천연효모로 빵 만들기.

▶ 일상에서 느끼는 소소한 즐거움
나만을 위해서 좋아하는 초콜릿을 몰래 시킨다.

▶ 일상에서 느끼는 행복
밥이 맛있게 차려졌을 때.

▶ 자기계발을 위해 하는 일
해외의 평소 생활이나 식사에 대해 알고 싶어서 인스타그램으로 교류하며 영어 공부를 열심히 하고 있다.

47

히로요

hiroyo

간단하고 맛있는 절약 요리 레시피

➡ 인스타그램 @hiroyo.1229

멘쯔유로 간단하게 만든 걸쭉한 소스를 얹은 일식풍 오므라이스는 맛있었다! 걸쭉한 소스를 얹은 일식풍 오므라이스(레시피 검색사이트 COOKPAD : 1407128)/ 연어알과 매실 냉수프/ 마카로니샐러드/ '피오네' 포도.

하이난지판[동남아시아 지역에서 먹는 치킨라이스]. 전기밥솥에 맡기는 간단 메뉴(COOKPAD : 1461192). 응용할 수 있고 건강에도 좋은 닭고기요리를 좋아한다.

통아스파라거스 돼지고기 완자/ 김치와 부추를 넣은 달걀말이/ 여주절임/ 파와 참기름소스를 뿌린 두부/ 시금치달걀찜

요리는 응용 버전이 무한합니다. 요리를 잘하는 편은 아니지만 정말 좋아해요. 어릴 때부터 뭔가를 창작하는 일을 좋아했습니다. 최근에는 특히 건강에 신경 써서 영양 균형을 고려한 메뉴를 구상하게 되었습니다. 최대한 많은 채소를 섭취할 수 있는 간단하고 맛있는 절약 요리를 만들도록 주의합니다.

한 달치 식비를 정해서 되도록 그 안에서 마련하려고 신경을 쓰므로 너무 비싼 식재료는 사지 않습니다. 한 가지 식재료로 여러 종류의 요리를 만들어서 2~3일치 반찬이나 도시락용으로 냉동보관합니다.

식단(미리 만들어놓는 음식)은 일주일치를 생각하고 식재료는 한꺼번에 구입합니다. 냉장고에 남은 식재료로 식단을 짤 때도 많습니다. 앞으로도 새로운 메뉴에 계속 도전해보고 싶습니다.

김밥/ 가스지루/ 간 유자후추를 얹은 표고버섯구이/ 시금치절임

김밥과 가스지루로 저녁식사

겨울에는 가스지루[술지게미를 넣고 푹 끓인 미소시루]를 먹으면 몸이 따뜻해집니다.

김밥은 한국식 김초밥인데 달걀말이와 비빔밥에 올리는 재료에 참기름을 조금 섞은 밥으로 말아줍니다. 좋아하는 한국요리 중 하나입니다. 재료를 너무 많이 넣어서 말 때 옆이 터질 뻔했습니다. 그릇이 요리를 돋보이게 하네요.

조리법을 바꿨더니 더 맛있어진 돈지루

이번에 만든 돈지루[돼지고기를 넣은 미소시루] 는 최고였어요! 만드는 방법을 조금 바꿨을 뿐인데 감칠맛이 확 달라지네요. 먼저 우엉을 구수하게 볶는 것이 포인트라고 한 레시피(COOKPAD : 2589854)를 따라 해봤습니다. 이 레시피, 정말 맛있어요!

전 아직도 요리 지식이 얕다는 것을 절실히 느꼈답니다.

돈지루/ 염장다시마를 넣어서 지은 밥/ 육수를 넣은 달걀말이/ 우엉볶음/ 완두콩 새싹나물

푸른차조기잎말이 구루마후 데리야키

푸른차조기잎말이 구루마후[도넛 모양처럼 둥글고 가운데가 뚫린 밀개떡] 데리야키는 건강한 요리라서 아무리 먹어도 죄책감이 들지 않습니다. 상당히 맛있어요. 레시피 사이트 'Nadia'의 레시피입니다.

남은 재료인 '나메코' 버섯을 밥에 올리고 반숙달걀을 얹었더니 훨씬 더 맛있어졌습니다.

푸른차조기잎말이 구루마후 데리야키/ 고구마 크림치즈 샐러드/ 건더기를 듬뿍 넣은 미소시루/ 나메코 버섯과 반숙달걀을 올린 덮밥/ 귤

PROFILE

▶ 거주지/ 직업/ 가족/ 취미
간사이 지방/ 회사원/ 독신생활/ 요리, 헬스, 영화감상, 여행, 인테리어

▶ 대충 하는 부분과 확실히 하는 부분
출근하는 날은 미리 만들어둔 음식을 먹고 아무것도 안 해도 되도록 편하게 지낸다. 식재료가 남지 않도록 식단을 고려한다.

▶ 요리가 귀찮아질 때
일이 바쁠 때, 늦게 퇴근할 때.

▶ 도전해보고 싶은 일
미니멀라이프. 또 한 번도 만든 적이 없는 요리는 뭐든지 도전해보고 싶다.

▶ 일상에서 느끼는 소소한 즐거움
식후에 즐기는 커피.

▶ 일상에서 느끼는 행복
맛있는 음식을 먹을 때. 좋아하는 영화를 볼 때.

▶ 일상에서 받는 스트레스와 해소법
일이 바쁠 때. 헬스클럽에서 땀을 흘리며 스트레스를 푼다.

▶ 바쁠 때의 아이디어
하루에 하고 싶은 일이 잔뜩 겹쳤을 때. 하루 스케줄을 고려해서 시간을 배분해 행동한다.

▶ 자기계발을 위해 하는 일
식생활에 신경 쓰며(폭음, 폭식하지 않는다. 균형 잡힌 메뉴를 생각한다) 운동한다.

48

하하쿠마

母熊

"음, 맛있어!"라는 남편의 말을 듣고 싶다

간단하고 맛있는 '전자레인지 조리용 닭고기 데리야키'. ①닭다리살은 기름을 제거하고 힘줄을 잘라서 비닐에 넣는다. ②양념(설탕 1.5큰술, 미림 1.2큰술, 간장 3큰술)을 비닐에 넣고 주물러서 하룻밤 재운다. ③전자레인지 용기 또는 접시에 껍질부분이 밑으로 가게 한 닭고기를 양념과 함께 넣고 랩을 씌워서 600W에서 8분간 가열한다. 4분이 경과하면 뒤집는다.

➡ 인스타그램 @rosso___

점심이 즐거워지는 도시락

お昼ガ楽しみになるお弁当

요리를 좋아합니다. 가정요리는 가족을 생각해서 사소한 부분에도 대처할 수 있는, 그야말로 오더메이드, 세상에 단 하나뿐인 자신과 가족을 위한 것이니까요.

남편의 입에서 "음, 맛있어!"라는 말이 나오도록(24년이나 함께 살았는데 언제 들었는지 모르겠어요. 아주 드물다고 할 정도는 아니지만 늘 해주지도 않거든요.) 좋은 식재료를 선택해서 잘 활용한 요리를 만들 수 있게 연구합니다.

그다지 요령 좋게 움직이는 편이 아니라서 될 수 있는 한 다른 일을 '하는 김에' 하는 것이 저만의 규칙입니다. 재료를 써는 김에 많이 썰어놓거나(채를 썬 당근은 샐러드에 아주 편리해요), 구입한 식재료를 냉장고에 넣는 김에 밑간을 해놓습니다(고기는 작게 나눠서 냉동실에 넣으면 주 후반에도 쓸 수 있습니다). 또 한 가지 채소를 살짝 데친 김에 다른 채소도 데칩니다(한 번 끓인 물로 몇 가지 채소를 계속 데쳐서 보관용기에 저장합니다. 절임이나 참기름무침, 미소시루도 즉시 만들 수 있어요).

그리고 '시간은 걸리지만 수고롭지 않은' 요리를 잘합니다. 고기나 생선의 절임이나 조림 요리, 전자레인지나 오븐 요리 등 수고를 들이지 않아도 맛있어지는 요리를 평소의 생활 사이클에 정착시켰습니다.

'푸른차조기잎과 김치고기말이'가 메인. 먹으면 돼지고기 김치볶음 맛이 난다. 삼겹살 3장 정도를 깐 다음, 푸른차조기잎을 가지런히 올리고 김치도 고기를 따라 평평하게 올려서 돌돌 말았다.

점심시간이 기다려지는 도시락

아이들이 '도시락시간을 기대하길 바라는' 마음을 담아서 '#점심시간이 기다려지는 도시락'이라고 해시태그를 달아 인스타그램에 올렸더니 많은 사람들에게 사랑을 받아서 지금은 태그 수가 13만을 넘었습니다.

아이가 집을 떠난 지금은 제 회사생활에 대한 응원을 담아 도시락을 만듭니다.

'있는 재료로 만든 덮밥'. 위에는 오이 쓰쿠다니/ 옥수수/ 적양배추 소스 볶음/ 바삭바삭 닭껍질튀김/ 깍둑썬 달걀말이/ 풋콩/ 블루베리/ 연근 단식초절임.

호평을 얻은 당면샐러드

저는 새콤하게 무쳐내는 음식에는 자신이 없는데, 이 음식은 열을 가해 익혀내는 거라서 꽤 순조롭게 완성했습니다. 국물이 나오지 않아서 도시락으로도 편리하고, 맛이 당면에 제대로 배어서 반찬으로도 좋습니다.

【재료】 녹두당면 30g, 말린 목이버섯 5g, 당근 30g, 햄 2장, 달걀지단 1개 분량(소금), 데친 콩 50g, 간 참깨 2큰술, 양념(설탕 2큰술, 간장 2큰술, 식초 2큰술, 참기름 1큰술, 중화 육수 1작은술), 물 120ml

【조리법】

①목이버섯은 물에 불려서 채를 썰고 햄, 당근도 채를 썬다.
②달걀은 소금 한 자밤으로 간을 해서 지단을 부친 후 가늘게 썬다.
③냄비에 물과 양념을 넣고 끓인 뒤 마른 당면, 목이버섯, 당근을 넣고 중불에서 5분 정도 끓인다.
④불을 끄기 전에 햄을 넣고 잘 섞은 후 한 번 보글보글 끓인다. 불을 끄고 뚜껑을 덮어서 그대로 열이 식을 때까지 뜸들인다. 이때 당면이 수분을 완전히 빨아들인다.
⑤마지막에 콩과 간 참깨를 섞어 넣은 뒤 식히고 먹기 직전에 달걀을 섞는다. 그릇에 담고 볶은 참깨를 뿌리면 완성.

'#엄마곰의 당면샐러드'는 인스타그램에서 따라 만들어준 사람들이 많았다. 500건이 넘는 해시태그가 붙은 레시피다.

PROFILE

▶ 거주지/ 연령/ 직업/ 가족/ 취미
일본 사이타마 현/ 50세 전후/ 회사원(제조업 사무직)/ 세 아이가 자립한 현재는 남편과 나, 때때로 친정어머니까지 2~3인 가족/ 요리, 날마다 걷기, 주 1회 영어회화, 장보기, 오페라감상

▶ 좋아하는 집안일
요리

▶ 싫어하는 집안일
정리 정돈

▶ 대충 하는 부분과 확실히 하는 부분
냉동실 정리 정돈은 문제지만 식생활은 확실히 한다. 균형 잡힌 식사를 위해서 언제든 미리 만들어둔 음식이 몇 가지 품목 이상 냉장고에 들어 있다.

▶ 요리에 대한 고집
식재료의 안전성. 2~3년 전까지만 해도 한창 먹을 나이의 아들이 있어서 엥겔지수가 너무 높아 힘들었다. 정점일 때는 30킬로그램짜리 쌀을 한 달에 세 번씩 구입할 정도였다. 그때도 일본산 식재료를 사용하고 원재료 표시를 확인하는 등 믿을 수 있는 식재료를 사용했다. 지금은 어른들끼리만 생활하므로 생활클럽 생협 등에서 소량이라도 좋은 식재료를 구입한다. 시댁에서 보내주는 쌀과 밭에서 나는 채소도 식탁에 반드시 오르는 귀한 안심 식재료다.

49

잇치
icchi

아이들의 웃는 얼굴을 보면 마음이 따뜻해진다

➡ 인스타그램 @inamorim
(일상생활)
@icchi0426
(핸드메이드 작가의 일상)

테이블 매트의 그림과 똑같은 안경 쓴 얼굴이 딱 하나 있다. 가다랑어포와 가늘게 자른 다시마, 콩과 참깨로 만들었다.

때때로 '얼굴모양 주먹밥'을 만듭니다. 좋아하며 웃는 아이들의 웃는 얼굴을 보면 저도 마음이 따뜻해집니다. 그릇에 어떻게 담을 것인지, 어떤 표정으로 할지를 생각하며 만드는 것이 즐겁습니다.

그날의 기분이나 아이들의 요청에 따라 식단을 결정하는 경우가 많은데, 먹는 사람이 좋아하는 플레이팅을 하도록 신경 씁니다. 이렇게 만든 밥을 가족들이 칭찬해주거나 한 그릇 더 먹을 수 있느냐고 물어볼 때는 정말로 기쁩니다.

온 가족이 건강해야 행복하므로 맛있는 음식을 요리할 뿐 아니라, 마음 편히 지낼 수 있도록 집을 정리합니다.

토이푸들을 만들 의도였는데… 딸이 "(스타워즈에 나오는) 추바카야?"라고 했다(눈물).

파르페를 보면 아이들이 흥분한다

역시 파르페를 만들어주면 아이들이 흥분합니다. 아무리 재료가 부실하거나 배가 불러도 아이스크림만은 먹을 수 있다고 하네요. 딸기아이스크림 파르페는 아이들이 맛있다는 말을 연발하며 먹었습니다.

다른 날에는 도쿄 벼룩시장에서 찾은 체코의 빈티지글라스에 파르페를 담아 보았습니다. 아이스크림 전용 제품이라서 아이스크림이 녹아도 밖으로 흘러내리지 않아요! 냉동 과일과 그래놀라, 코스트코에서 구입한 와플을 넣고 딸에게 직접 꿀을 뿌리게 했습니다. 꿀이 뚝뚝 떨어져도 받침접시가 있어서 새지 않습니다.

위) 체코의 빈티지글라스를 사용해서 파르페를 만들었다.
왼쪽) 아이스크림은 '레이디 보든'! 둥근 것은 바삭바삭한 쌀과자 '주카'. 그 밖에 '와삼본' 백설탕과 딸기로 장식했다.

딸과 둘이서 우리 집 런치

어제는 딸과 단 둘이 집에서 점심을 먹었습니다. 채소를 싫어하는 딸에게 이 메뉴를 만들어줬어요(웃음). 되도록 많은 식재료를 넣으려고 늘 주의합니다. 멋을 부리거나 어려운 요리는 만들 수 없지만 저 나름대로 즐기면서 매일이 조금이라도 풍요로워진다면 좋겠습니다.

다양한 식재료를 섭취할 수 있게 만들었다.

PROFILE

▶ 거주지/ 연령/ 직업/ 가족/ 취미
일본 가나가와 현/ 40대/ 생활잡화점 파트타임/ 본인, 남편, 딸 13세, 아들 11세/ 재봉, 그릇이나 주방도구 매장 구경 및 카페 나들이

▶ 좋아하는 집안일
매일의 간식 만들기와 때때로 얼굴모양 주먹밥 만들기.

▶ 싫어하는 집안일
욕실 청소

▶ 일상에서 느끼는 행복
남편과 아이들이 장난치는 모습을 볼 때는 싱글거리게 되고 행복한 기분이 든다.

▶ 일상에서 받는 스트레스와 해소법
아이들이 집을 어질러서 짜증이 날 때도 있지만 아이들에게는 집을 어지럽히는 일도 놀이의 하나라고 낙관적으로 생각하려고 한다.

▶ 바쁠 때의 아이디어
눈앞에 닥친 일을 하나씩 처리하며 어떻게든 될 것이라고 생각하고 완벽을 추구하지 않는다.

▶ 자기계발을 위해 하는 일
재봉. 어릴 때부터 꾸준히 해온 취미이기도 해서 할머니가 되어도 계속하고 싶다.

나의 재봉 작업공간.

50

가오리
kaori

카페의 요리와 플레이팅을 참고한다

인스타그램 @hirakao.0305

둥근 빵과 카레수프.

원 플레이트 아침식사. 두부햄버그. 두부가 들어 있다는 사실은 아들에겐 비밀이다.

두 사람의 원 플레이트 런치.

채소를 많이 넣어서 균형 잡힌 식사가 되도록 늘 신경을 씁니다. 카페를 좋아해서 맛있었던 요리나 플레이팅을 나름대로 따라 해볼 때도 있습니다.

한 번에 음식을 몇 가지나 만드는 것은 힘들어서 시간이 있을 때 미리 만들어놓습니다. 고기만 계속 먹지 않도록, 최대한 생선과 번갈아가며 먹으려고 주의합니다.

베이컨달걀덮밥

재료를 밥 위에 올리기만 하면 되는 편한 베이컨달걀덮밥입니다. 덮밥은 미리 만들어놓은 반찬이나 시간이 없을 때 만듭니다. 설거지도 적어서 일석이조랍니다.

베이컨달걀덮밥 외에는 남은 생선회나 낫토, 가늘게 자른 다시마, 멸치 등을 함께 올린 덮밥도 가족에게 인기가 많습니다.

덮밥은 간단히 먹을 수 있는 점이 좋아요.

달걀프라이는 폰즈소스를 뿌려 먹는다.

보리쌀 낫토를 올린 아침식사

차만 있으면 될 줄 알았는데, 아들의 요청으로 미소시루를 끓였습니다. 평소에는 전날 먹다 남은 국을 먹거든요. 미소시루는 채소도 듬뿍 먹을 수 있어서 좋은 것 같아요.

올해는 처음으로 미소를 구입했습니다. 시간을 들이면 얼마나 맛있어질지 기대됩니다.

보리쌀 낫토를 올린 아침식사.

남은 김초밥으로 아침식사.

아침식사인 미니 해산물덮밥.

김초밥은 가족이 가장 좋아하는 음식

온 가족이 초밥을 좋아해서 김초밥을 준비하면 기뻐합니다. 김초밥은 전날 TV 프로그램 '다메시테갓텐ためしてガッテン[실험해서 이해하자]'에서 본 대로 김발을 사용하지 않고 손으로 앞에서부터 김을 돌돌 말아 쿠킹시트로 감싸서 모양을 다졌습니다. 지금까지 만든 것 중 가장 보기 좋게 되었습니다!

PROFILE

▶ 거주지/ 연령/ 직업/ 가족/ 취미

아이치 현/ 40대/ 전업주부/ 본인, 남편, 아들 5세/ 카페 나들이

▶ 도전해보고 싶은 요리

오븐을 사용한 요리를 별로 하지 않기에 아들이 좋아하는 메뉴를 만들어보고 싶다. 또 오래 두고 먹을 수 있는 음식의 레퍼토리를 늘리고 싶다.

▶ 대충 하는 부분과 확실히 하는 부분

한 번에 음식을 몇 가지나 만드는 것은 힘들어서 시간이 있을 때 두세 가지를 미리 만들어놓는다. 저녁식사는 메인 요리에 미리 만들어둔 음식을 합친다.

▶ 일상에서 느끼는 소소한 즐거움

점심식사 후 커피타임이 하루의 즐거움이다. 좋아하는 과자와 함께.

▶ 일상에서 느끼는 행복

휴일에 온 가족이 외출했을 때 행복을 느낀다. 아이가 아직 어려서 아이 중심이지만, 쉬는 날 놀러 나갔다가 지쳐서 집에 돌아왔을 때 즉시 준비할 수 있도록 평일에 음식을 미리 만들어놓거나 청소를 끝내두려고 한다.

▶ 일상에서 받는 스트레스와 해소법

바빠서 집안일을 생각처럼 할 수 없을 때. 물론 육아도 마찬가지다(웃음). 혼자만의 시간에 여유롭게 커피를 마시며 스트레스를 푼다.

▶ 바쁠 때의 아이디어

여러 일정이 연속으로 있을 때나 귀가가 늦어질 때가 있다. 그럴 때는 미리 며칠 분량의 식단을 정해놓거나, 미리 만들어놓은 음식으로 극복한다.

51

마이치쿠

まいちく

맛있는 밥을 위해서 장보기부터 즐긴다

딸들의 도시락. 고기말이 주먹밥/ 색색 피망과 참치 마리네이드/ 반숙달걀조림/ 순무절임/ 꽃모양 비엔나소시지/ 키위.

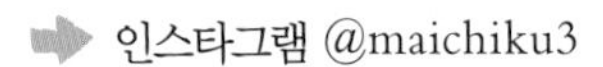
인스타그램 @maichiku3

오늘의 딸들 도시락. 닭가슴살 치즈 프라이/ 단식초소스를 뿌린 간 연근 튀김/ 마유미의 맨손으로 만 하트달걀말이(@mayumi_photo)/ 워터멜론래디시절임/ 감/ 사과.

오늘의 도시락. 주먹밥 2종/ 채소고기말이/ 배추와 순무 절임/ 달걀말이/ 새우튀김/ 가리비 튀김.

오늘의 딸들 도시락과 내 도시락. 연어와 아삭아삭한 강낭콩을 넣은 주먹밥/ 닭튀김/ 달걀말이/ 적양배추무침/ 방울토마토/ 호박맛탕.

맛있는 밥을 가족에게 먹이고 싶어서 제철 식재료를 사용해 계절을 즐기며 요리합니다. 요리를 좋아하는 저에게는 장보기를 포함한 모든 준비가 즐거운 집안일입니다.

결혼, 출산을 거쳐 저와 남편을 위해 만드는 밥에서 가족에게 만들어주는 밥으로 변화했습니다. '가족에게 맛있는 음식을 먹이고 싶은 마음'은 요리를 잘하는 어머니에게서 물려받았습니다.

풀타임으로 근무하느라 바쁜 나날을 보내고 있지만 가족의 몸을 만드는 일인 만큼 안전하고 질 좋은 식재료를 찾는 데는 노력을 아끼지 않습니다.

전에는 식단을 고려한 후 필요한 식재료를 구입했는데, 아이가 태어난 후로는 맛있는 제철 식재료를 먹이기 위해 식재료를 먼저 구입하고 가족의 요청이나 몸 상태에 맞춰서 식단을 짜게 되었습니다.

딸들의 도시락 메뉴는 대개 휴일에 만들어서 저장했다가 도시락에 담기만 합니다. 익숙해지기까지 조금 힘들었지만, 아침시간을 단축할 수 있기에 휴일에 시간이 허락하는 한 음식을 만들어두려고 합니다. 도시락이든 집밥이든 할 수 있을 때 할 수 있는 일만 하자는 것을 모토로 삼고 무리하지 말자고 생각해서, 즐겁게 하려고 합니다.

엄마곰의 과일속껍질조림(@rosso___)/ 어묵탕/ 민스 커틀릿/ 얼간 연어구이/ 매콤달콤한 돼지고기와 무 조림/ 보트모양의 가지그라탱 초벌/ 꼭지를 딴 방울토마토/ 브로콜리찜/ 워터멜론래디시무침/ 워터멜론래디시 단식초절임/ 레몬조각/ '샤우에센' 소시지와 풋고추 버터케첩볶음/ 소금을 넣어 데친 풋콩/ 포도/ 당근채샐러드/ 씻은 푸른차조기잎/ 주름모양으로 자른 오이절임/ 반숙달걀조림/ 아스파라거스 고기말이/ 카레맛 연근칩/ 호박샐러드/ 소금을 넣어 데친 오크라/ 적양배추무침

미리 만든 음식의 기록

이날은 천천히 만드는 바람에 3시간 정도 걸렸습니다. 너무 많이 만들어서 달걀말이와 햄버그를 사진에 담을 수 없었어요. 우리 가족은 대식가여서 이렇게나 많은 음식이 3~4일 정도면 사라집니다. 한꺼번에 반찬을 만드는 일은 성취감이 있습니다.

가족에게 인기 있는 드라이 카레

이날 딸들의 도시락은 제가 자신 있게 잘 만드는 드라이 카레입니다. 제철 채소가 많이 들어 있어요. 둥근 나무 도시락통에 드라이 카레를 넣으면 기름때가 배는 등 이것저것 신경을 써야 해서 이날은 100엔숍에서 구입한 일회용 용기를 사용했습니다. 제 몫은 친정어머니가 싸준 유부초밥입니다. 반찬으로는 미리 만들어둔 음식을 다양하게 넣었습니다.

이날은 숟가락을 함께 넣는 것을 깜빡했다….

이왕 먹을 거면 오므라이스 주먹밥

피망과 비엔나소시지를 넣은 케첩라이스에 버터 풍미를 살린 스크램블에그를 섞어서 주먹밥을 만들었습니다. 밥은 좋아하는 대로 꼬들꼬들하게 지었습니다. 밥을 잘 식힌 후에 일회용 비닐장갑을 끼고 주먹밥을 만듭니다. 랩보다는 좋은 느낌으로 모양을 만들 수 있어요! 이날의 '이왕 먹을 거면 오므라이스 주먹밥'은 가족들의 평가도 매우 좋아서 다들 많이 먹었답니다.

일회용 비닐장갑을 끼고 주먹밥 모양을 만들면 밥을 뭉치기 쉽다.

PROFILE

▶ 거주지/ 연령/ 직업/ 가족/ 취미

일본 가나가와 현/ 40대/ 회사원/ 본인, 남편, 큰딸 17세, 작은딸 13세, 애견 코코 4세(암컷)/ 맛집 찾아다니기

▶ 좋아하는 집안일

요리

▶ 싫어하는 집안일

청소는 하지만 좋아하지 않는다(웃음). 풀타임으로 일하므로 시간을 충분히 내지 못해서 무엇을 해도 불완전연소로 끝나고 말기 때문이다.

▶ 도전해보고 싶은 요리

태국요리 전반

▶ 대충 하는 부분과 확실히 하는 부분

미리 만들어둔 음식으로 만드는 도시락은 거의 옮겨 담기만 하면 되니까 짧은 시간 안에 대충 할 수 있는 집안일이다. 하지만 이를 완성시키기 위한 음식은 미리 확실히 만들어놓는다.

▶ 일상에서 느끼는 소소한 즐거움

회사일과 집안일에서 벗어난 밤에 술을 마시는 것이 즐거움이다.

▶ 일상에서 느끼는 행복

아이들이 성장하며 가족이 좀처럼 모이지 못하는 가운데 가족이 모이는 식탁은 매우 행복하다. 모두 함께 즐길 수 있는 메뉴를 생각한다. 여름에는 불고기나 데마키즈시, 겨울에는 전골과 타코야키 파티 등.

▶ 일상에서 받는 스트레스와 해소법

하고 싶은 집안일을 완수하지 못할 때…. 시간을 낼 수 있을 때 불필요한 것을 버리고 비우면 상쾌해진다(웃음).

52

하라페코

はらぺこ

따뜻한 엄마의 손맛을 더한다

➡ 인스타그램 @n.harapeko

딸이 가장 좋아하는 구운 연어를 넣은 가스지루. 영양만점에 건더기가 듬뿍 들어 있어서 균형 잡힌 일품요리다. 큰 냄비에 끓여서 2~3일 맛이 배어들면 감칠맛이 나서 매우 맛있다. 겨울철에는 보온통에 보관하면 이것만으로 뜨끈뜨끈하다. 친구들도 호평하며 일부러 이걸 먹을 겸 놀러 온다.

도시락은 남은 반찬으로 내 몫도 만들어본다. 시간이 지나도 맛있는지 먹어보는 것도 중요하다.

죽순과 다진 고기를 넣은 카레. 죽순을 듬뿍 넣어서 만들면 식감이 매우 좋아서 일주일에 한 번꼴로 만들어 먹어도 질리지 않는다. 가족 모두가 빠진 카레.

가족의 건강을 책임지는 주부로서 한창 성장하는 아이들과 나이를 느끼기 시작한 우리 부부의 영양 균형을 고려합니다. 최대한 제철 식재료를 사용해서, 고기만 먹기보다 채소를 듬뿍 넣은 반찬을 먹도록 신경 쓰고 있습니다.

복잡한 요리는 만들 수 없지만 "이 음식이 먹고 싶었어!"라는 말을 들을 수 있는 따뜻한 엄마의 손맛을 늘리고 싶습니다.

아이들이 대학생이 되니 밖에서 친구와 밥을 먹고 들어오는 경우가 많아져서 점점 온 가족이 식탁에 둘러앉는 일도 줄어들었습니다. 내키지 않을 때나 피곤할 때는 억지로 밥을 하지 않고 반찬이나 인스턴트음식, 외식 등으로 대충 때워요. 덕분에 매우 홀가분해졌어요.

돌돌말이 유부초밥

'돌돌말이 유부초밥'은 인스타그램에서 사이좋게 지내는 친구들이 알려줬습니다. 유부 한 장을 펼쳐서 김과 함께 돌돌 말기만 하면 되는데, 모양도 귀여워서 딸이 몹시 좋아했습니다. 한입 크기라서 먹기 편했나봐요. 닭은 규슈의 구라코보 지역에서 나는 '가보스' 유자로 만든 간장에 담근 뒤 튀겼습니다.

돌돌말이 유부초밥(밥에는 연어플레이크와 참깨)/ 가보스 간장에 담근 닭튀김/ 생강육수를 사용한 달걀말이/ 채소마늘볶음/ 닭가슴살과 우엉 샐러드/ 육수에 조린 장식용 커팅 당근

고구마를 돼지고기조림에 넣었더니

지금까지 고구마를 조림으로 만든 적이 없었는데 돼지고기와 함께 볶아 달면서도 매콤한 조림을 만들었더니 돼지고기의 감칠맛이 고구마에 배어서 맛이 좋아졌어요. 매콤달콤하고 뜨끈뜨끈해서 밥이 술술 넘어간답니다….

딸의 도시락용으로 만들어봤는데 아주 좋은 평가를 받아서 그 이후 우리 집 기본 메뉴가 되었어요.

연어튀김/ 고구마와 돼지고기를 볶은 매콤달콤 조림/ 두꺼운 유부와 돼지고기 조림/ 참치토마토파스타/ 아스파라거스 가다랑어포 무침/ 적양배추와 옥수수 무침/ 밥과 매실장아찌

젓가락 주머니를 만들었다

젓가락 주머니를 만들려고 하는데 끈이 없어서 근처의 100엔숍에 가보니 귀여운 끈을 많이 팔더라고요! 무심코 말도 안 되게 많이 사는 바람에 한 시간 반 동안 만들었더니 10개가 완성되었습니다. 딸에게 "그런 걸 만들어서 뭐 하느냐"고 한소리 들었지만 도시락용품이 많으면 도시락 만들기도 즐거워집니다.

귀여운 천으로 젓가락 주머니를 만들었다.

PROFILE

▶ 거주지/ 연령/ 직업/ 가족/ 취미

오사카 부/ 40대/ 자영업/ 남편, 아들 22세, 딸 20세/ 요리, 수예

▶ 도전해보고 싶은 일

아이가 어릴 때는 여러 가지를 만들기도 했는데 오랫동안 못했기에 간단한 것부터 도전해보고 싶다.

▶ 일상에서 받는 스트레스와 해소법

내 경우는 '집이 곧 일터'다. 일터에 오랜 시간 있으면 스트레스를 느끼므로 일주일에 한 번 휴일에는 집에서 나와 바깥 공기를 마신다. 기분전환이 되고, 또 열심히 하자고 집안일에 의욕도 솟아난다. 마음 편한 나만의 시간이 중요하다!

▶ 바쁠 때의 아이디어

반드시 해야 하는 일을 전날 밤에 메모해놓으면 조바심을 내지 않아도 된다.

▶ 자기계발을 위해 하는 일

아이들이 긴 방학에 들어가면 도시락을 만들 필요가 없어 시간이 비지만 그렇다고 해서 늦잠을 자기보다는 똑같은 시간에 일어난다. 매일 한 군데를 청소하거나 독서하거나 공부하는 등 시간을 효율적으로 사용하면 자신에게 유익하고 자신의 성장으로도 이어지므로 앞으로도 계속 꾸준히 하고 싶다.

옮긴이 **김한나**

대학에서 일문학을 전공했다. 어릴 적부터 책을 접할 기회가 많아 자연스레 언어에 관심을 갖게 되었다. 소통인(人)공감 에이전시에서 번역가로서 활동하고 있다. 역서로는 《나한테 왜 그래요?》, 《말투 하나 바꿨을 뿐인데》, 《나를 믿는 용기》, 《적당히 사는 법》, 《평생 돈에 구애 받지 않는 법》 등이 있다.

심플하게 정성껏
인기 인스타그래머 55인의 살림 비법

초판 1쇄 인쇄　2018년 11월 10일
초판 1쇄 발행　2018년 11월 15일

지은이　SE 편집부
옮긴이　김한나
펴낸이　임현석

펴낸곳　지금이책
주소　경기도 고양시 일산서구 킨텍스로 410
전화　070-8229-3755
팩스　0303-3130-3753
이메일　now_book@naver.com
홈페이지　nowbook.modoo.at
등록　제2015-000174호

ISBN | 979-11-88554-15-7 (13590)

「이 도서의 국립중앙도서관 출판예정도서목록(CIP)은 서지정보유통지원시스템 홈페이지(http://seoji.nl.go.kr)와 국가자료공동목록시스템(http://www.nl.go.kr/kolisnet)에서 이용하실 수 있습니다.(CIP 제어번호 : CIP2018030493)」